建筑施工安全检查标准 JGJ 59—2011
实 施 指 南

中国建筑业协会建筑安全分会
天津市建工集团（控股）有限公司 编写

U0202569

中国建筑工业出版社

图书在版编目（CIP）数据

建筑施工安全检查标准 JGJ 59—2011 实施指南/中国建筑业协会建筑安全分会等编写. —北京：中国建筑工业出版社，2013.5（2022.10重印）

ISBN 978-7-112-15343-5

Ⅰ.①建… Ⅱ.①中… Ⅲ.①建筑工程-安全检查-行业标准-中国-指南 Ⅳ.①TU714-65

中国版本图书馆 CIP 数据核字（2013）第 076660 号

建筑施工安全检查标准 JGJ 59—2011
实施指南

中国建筑业协会建筑安全分会
天津市建工集团(控股)有限公司　编写

*

中国建筑工业出版社出版、发行（北京西郊百万庄）
各地新华书店、建筑书店经销
北京红光制版公司制版
北京建筑工业印刷厂印刷

*

开本：850×1168毫米　1/32　印张：7¼　字数：190千字
2013 年 5 月第一版　　2022 年 10 月第三十七次印刷
定价：**20.00**元
ISBN 978-7-112-15343-5
（23370）

版权所有　翻印必究
如有印装质量问题，可寄本社退换
（邮政编码 100037）

建筑施工安全生产直接关系到几千万建筑业从业者及其相关人员的生命安全。以人为本，安全责任重于泰山。党和国家一直高度重视建筑施工安全生产工作。经修订并于2012年7月1日起正式实施的《建筑施工安全检查标准》，是保障建筑施工安全生产的一个重要行业标准。中国建筑业协会建筑安全分会和本标准的主编单位天津市建工集团（控股）有限公司共同编写的建筑施工安全检查标准实施指南一书，对该标准作了全面、准确的阐述，可供广大建筑业企业的管理人员和作业人员学习使用，也可以作为大中专院校建筑类专业的安全教材。

＊　　　＊　　　＊

责任编辑：曲汝铎

封面题字：张　蕊

责任设计：赵明霞

责任校对：陈晶晶　关　健

《建筑施工安全检查标准 JGJ 59—2011 实施指南》编委会

主　　编：张鲁风　耿洁明

副 主 编：郝恩海　陈　锟　张　颖

编　　委：（按姓氏笔画排序）

丁守宽　王兰英　牛福增　任兆祥

乔　登　孙宗辅　邵永清　宫守河

袁革忠　栾启亭　黄旭东　魏吉祥

参编人员：（按姓氏笔画排序）

丁天强　王梓迪　王增贵　史学军

朱　民　任占厚　祁忠华　孙汝西

孙俊伟　杜海滨　杨　昆　杨纯仪

李彦峰　李　哲　李睿智　吴国庆

张　蕊　张宝利　张承亮　肖光延

周　伟　胡兴燃　赵子萱　郝正东

高　楠　彭　杰　韩利钧　蒲宇锋

熊　琰　戴贞洁　魏　刚

主 审 人：耿洁明

前　言

近年来，随着我国经济社会的发展，投资规模不断扩大，建筑业有了迅猛发展。伴之而来的企业经营模式市场化、施工技术日趋复杂、机具装备日益大型化等一系列变化，对施工安全生产不断提出新问题，形成了新的挑战。

2011 年 12 月住房和城乡建设部公告批准了行业标准《建筑施工安全检查标准》JGJ 59—2011（以下简称《标准》），并从 2012 年 7 月 1 日起正式实施。《标准》的颁布实施，对提升施工安全生产管理水平、保障人民生命财产安全具有十分重要的意义。

为了帮助建筑业广大从业人员学习和贯彻执行《标准》，中国建筑业协会建筑安全分会和天津市建工集团（控股）有限公司共同编写了《建筑施工安全检查标准 JGJ 59—2011 实施指南》一书。本书在广泛调查研究的基础上，严格依照有关施工安全法规标准，认真总结国内施工安全经验和各地提出的建议，结合施工现场实际，按照《标准》的章节顺序，对 19 个专业安全检查评定项目的条文进行了较为全面、准确的解释。

本书由《标准》的主要起草人——天津市建工集团（控股）有限公司耿洁明同志主编，天津市建工集团（控股）有限公司陈锟、张承亮、高楠等同志参与编写。本书编写过程中，还得到了天津市建设工程质量安全监督管理总队、北京建工集团有限责任公司、山东省建筑施工安全监督站、山西省建设工程安全监督管理总站等的大力协助，并得到了有关地方建设行政主管部门、建筑安全监管机构、建设安全协会和建筑业企业的支持与帮助。在此，谨向他们表示衷心的感谢！

本书虽经反复推敲，仍难免有不妥之处，恳请广大读者提出宝贵意见。

《建筑施工安全检查标准 JGJ 59—2011
实施指南》编委会
2013 年 3 月

目　　录

13

第1章 安 全 管 理

安全管理检查评分表

序号	检查项目		扣 分 标 准	应得分数	扣减分数	实得分数
1	保证项目	安全生产责任制	未建立安全生产责任制，扣10分 安全生产责任制未经责任人签字确认，扣3分 未备各工种安全技术操作规程，扣2～10分 未按规定配备专职安全员，扣2～10分 工程项目部承包合同中未明确安全生产考核指标，扣5分 未制定安全生产资金保障制度，扣5分 未编制安全资金使用计划或未按计划实施，扣2～5分 未制定伤亡控制、安全达标、文明施工等管理目标，扣5分 未进行安全责任目标分解，扣5分 未建立对安全生产责任制和责任目标的考核制度，扣5分 未按考核制度对管理人员定期考核，扣2～5分	10		
2		施工组织设计与专项施工方案	施工组织设计中未制定安全技术措施，扣10分 危险性较大的分部分项工程未编制安全专项施工方案，扣10分 未按规定对超过一定规模危险性较大的分部分项工程专项施工方案进行专家论证，扣10分 施工组织设计、专项施工方案未经审批，扣10分 安全技术措施、专项施工方案无针对性或缺少设计计算，扣2～8分 未按施工组织设计、专项施工方案组织实施，扣2～10分	10		

序号	检查项目		扣 分 标 准	应得分数	扣减分数	实得分数
3	保证项目	安全技术交底	未进行书面安全技术交底，扣10分 未按分部分项进行交底，扣5分 交底内容不全面或针对性不强，扣2～5分 交底未履行签字手续，扣4分	10		
4		安全检查	未建立安全检查制度，扣10分 未有安全检查记录，扣5分 事故隐患的整改未做到定人、定时间、定措施，扣2～6分 对重大事故隐患整改通知书所列项目未按期整改和复查，扣5～10分	10		
5		安全教育	未建立安全教育培训制度，扣10分 施工人员入场未进行三级安全教育培训和考核，扣5分 未明确具体安全教育培训内容，扣2～8分 变换工种或采用新技术、新工艺、新设备、新材料施工时未进行安全教育，扣5分 施工管理人员、专职安全员未按规定进行年度教育培训和考核，每人扣2分	10		
6		应急救援	未制定安全生产应急救援预案，扣10分 未建立应急救援组织或未按规定配备救援人员，扣2～6分 未定期进行应急救援演练，扣5分 未配置应急救援器材和设备，扣5分	10		
		小计		60		

序号	检查项目		扣 分 标 准	应得分数	扣减分数	实得分数
7	一般项目	分包单位的安全管理	分包单位资质、资格、分包手续不全或失效，扣10分 未签订安全生产协议书，扣5分 分包合同、安全生产协议书，签字盖章手续不全，扣2～6分 分包单位未按规定建立安全机构或未配备专职安全员，扣2～6分	10		
8		持证上岗	未经培训从事施工、安全管理和特种作业，每人扣5分 项目经理、专职安全员和特种作业人员未持证上岗，每人扣2分	10		
9		生产安全事故处理	生产安全事故未按规定报告，扣10分 生产安全事故未按规定进行调查分析、制定防范措施，扣10分 未依法为施工作业人员办理保险，扣5分	10		
10		安全标志	主要施工区域、危险部位未按规定悬挂安全标志，扣2～6分 未绘制现场安全标志布置图，扣3分 未按部位和现场设施的变化调整安全标志设置，扣2～6分 未设置重大危险源公示牌，扣5分	10		
		小计		40		
	检查项目合计			100		

1.1 安全生产责任制

1.1.1 标准原文

1. 工程项目部应建立以项目经理为第一责任人的各级管理人员安全生产责任制；

2. 安全生产责任制应经责任人签字确认；

3. 工程项目部应有各工种安全技术操作规程；

4. 工程项目部应按规定配备专职安全员；

5. 对实行经济承包的工程项目，承包合同中应有安全生产考核指标；

6. 工程项目部应制定安全生产资金保障制度；

7. 按安全生产资金保障制度，应编制安全资金使用计划，并应按计划实施；

8. 工程项目部应制定以伤亡事故控制、现场安全达标、文明施工为主要内容的安全生产管理目标；

9. 按安全生产管理目标和项目管理人员的安全生产责任制，应进行安全生产责任目标分解；

10. 应建立对安全生产责任制和责任目标的考核制度；

11. 按考核制度，应对项目管理人员定期进行考核。

1.1.2 条文释义

1. 项目部应当建立安全生产责任制，主要包括项目负责人、工长、班组长（分包单位负责人）等生产指挥系统及生产、安全、技术、机械、器材、后勤等管理人员，安全生产责任制应由项目部相关责任人签字确认。

2. 随着工程规模日趋扩大和施工技术不断进步，对安全管理的专业化要求也更加严格，项目部必须配备专职安全管理人员，并应当满足下列要求：

1）建筑工程、装修工程按照建筑面积配备：1 万 m² 以下的工程不少于 1 人；1 万～5 万 m² 的工程不少于 2 人；5 万 m² 及以上的工程不少于 3 人，且按专业配置专职安全生产管理人员。

2）土木工程、线路工程、设备安装工程按照工程合同价配备：5000 万元以下的工程不少于 1 人；5000 万～1 亿元的工程不少于 2 人；1 亿元及以上的工程不少于 3 人，且按专业配备专职安全生产管理人员。

3. 项目承包的工程在签订承包合同中必须有安全生产工作的具体目标要求和考核指标。

4. 施工现场应落实项目部安全管理各项目标指标，主要包括：

1）伤亡事故控制目标：杜绝死亡、避免重伤，轻伤事故应有控制指标。

2）安全达标目标：根据工程特点，按部位制定安全达标的具体目标。

3）文明施工目标：根据作业条件的要求，制定文明施工的具体目标和实施方案。

5. 项目部要根据安全责任目标及安全生产责任制要求，按专业管理将安全生产责任目标分解到人，建立安全生产责任目标分解体系，依据检查和考核制度，对项目部各级人员安全生产责任制及目标的执行情况进行逐级定期考核，考核情况应有记录。

1.2　施工组织设计与专项施工方案

1.2.1　标准原文

1. 工程项目部在施工前应编制施工组织设计，施工组织设计应针对工程特点、施工工艺制定安全技术措施；

2. 危险性较大的分部分项工程应按规定编制安全专项施工方案，专项施工方案应有针对性，并按有关规定进行设计计算；

3. 超过一定规模危险性较大的分部分项工程，施工单位应组织专家对专项施工方案进行论证；

4. 施工组织设计、专项施工方案，应由有关部门审核，施工单位技术负责人、监理单位项目总监批准；

5. 工程项目部应按施工组织设计、专项施工方案组织实施。

1.2.2 条文释义

1. 项目部在编制施工组织设计时，应当根据工程特点制定相应的安全技术措施，安全技术措施中应包括安全生产管理措施。安全技术措施要充分结合工程特点、施工工艺、作业环境等因素，对各危险源控制点制定出具体的控制措施，并将措施中所涉及的物料、人力、资金投入计划纳入施工组织设计中。

2. 危险性较大的分部分项工程应编制安全专项施工方案。建筑工程实行施工总承包的，专项施工方案应当由施工总承包单位组织编制。其中，起重机械安装拆卸、附着式升降脚手架等实行分包的，其专项施工方案可由专业承包单位组织编制。

3. 超过一定规模的危险性较大的分部分项工程，专项施工方案应当由施工单位组织召开专家论证会。专家组应当提交论证报告，对专项施工方案的内容提出明确的意见，并在论证报告上签字。该报告作为专项施工方案修改完善的指导意见。施工单位应当根据论证报告修改完善专项施工方案，并经施工单位技术负责人、项目总监理工程师、建设单位项目负责人签字后，方可组织实施。专项施工方案经论证后需作重大修改的，施工单位应当按照论证报告修改，并重新组织专家论证。

1.3 安全技术交底

1.3.1 标准原文

1. 施工负责人在分派生产任务时，应对相关管理人员、施工作业人员进行书面安全技术交底；

2. 安全技术交底应按施工工序、施工部位、施工栋号分部分项进行；

3. 安全技术交底应结合施工作业场所状况、特点、工序，对危险因素、施工方案、规范标准、操作规程和应急措施进行交底；

4. 安全技术交底应由交底人、被交底人、专职安全员进行签字确认。

1.3.2 条文释义

1. 以施工方案为依据进行的安全技术交底，应按照设计图纸、国家有关规范标准及施工方案将具体要求进一步细化和补充，使交底内容更加翔实，更具针对性、可操作性。方案实施前，编制人员或项目技术负责人应当向现场管理人员和作业人员进行安全技术交底，并留有文字记录，履行签字手续。

2. 对分部分项工程的安全技术交底，项目技术负责人要将有关安全施工的技术要求及注意事项向作业班组、作业人员作出详细交底，并且随工序和作业条件的变化及时调整交底内容，使其更具针对性。

3. 安全技术交底是法定管理程序，必须在施工作业前进行。安全技术交底应留有书面材料，交底人、被交底人、现场安全员三方履行签字手续。

1.4　安　全　检　查

1.4.1　标准原文

1. 工程项目部应建立安全检查制度；

2. 安全检查应由项目负责人组织，专职安全员及相关专业人员参加，定期进行并填写检查记录；

3. 对检查中发现的事故隐患应下达隐患整改通知单，定人、定时间、定措施进行整改。重大事故隐患整改后，应由相关部门组织复查。

1.4.2 条文释义

1. 项目部应建立安全检查制度，组织开展各类安全检查。定期检查由项目负责人每周组织相关管理人员对施工现场进行联合检查；日常性检查由项目专职安全员对施工现场进行每日巡检；专业性检查由专业人员开展施工机械、临时用电、防护设施、消防设施等专项安全检查；季节性检查是结合冬季、雨期、节假日的施工特点开展安全检查。

2. 安全检查应依照有关法规、标准进行，凡检查过程中暴露出的隐患问题，均应建立隐患整改登记台账。对有关上级来工地检查中下达的重大事故隐患通知书所列项目，隐患和整改情况应一并登记。查出的隐患要按照定人、定时间、定措施及谁检查、谁复查的原则进行隐患整改的封闭管理。

1.5 安 全 教 育

1.5.1 标准原文

1. 工程项目部应建立安全教育培训制度；

2. 当施工人员入场时，工程项目部应组织进行以国家安全法律法规、企业安全制度、施工现场安全管理规定及各工种安全技术操作规程为主要内容的三级安全教育培训和考核；

3. 当施工人员变换工种或采用新技术、新工艺、新设备、新材料施工时，应进行安全教育培训；

4. 施工管理人员、专职安全员每年度应进行安全教育培训和考核。

1.5.2 条文释义

1. 新入场施工人员必须经过公司、项目、班组三级安全教育，保证先培训后上岗。三级教育的主要内容：

公司：国家和地方有关安全生产的方针、政策、法规、标准、规范、规程和企业安全规章制度等。

项目：工地安全制度、施工现场环境、工程施工特点及可能存在的危险因素等。

班组：本工种的安全操作规程、事故案例剖析、劳动纪律和岗位讲评等。

2. 施工人员变换工种或采用新技术、新工艺、新设备、新材料施工时，应先进行操作技能及安全操作知识的培训，并进行考核，考核合格后方可上岗作业，以保证施工人员熟悉作业环境，掌握相应的安全知识技能。

3. 对于安全教育制度中规定的定期教育执行情况、三级教育情况均应建立教育台账及受教育人员考核登记表，对考核结果进行记录。

4. 企业法定代表人、项目经理每年接受安全培训的时间，不得少于30学时；专职安全管理人员每年接受安全专业技术业务培训，时间不得少于40学时；其他管理人员和技术人员每年接受安全培训的时间，不得少于20学时；企业其他职工每年接受安全培训的时间，不得少于15学时；企业待岗、转岗、换岗的职工，在重新上岗前，必须接受一次安全培训，时间不得少于20学时；特殊工种在通过专业技术培训并取得岗位操作证后，每年仍须接受有针对性的安全培训，时间不得少于20学时。

1.6 应急救援

1.6.1 标准原文

1. 工程项目部应针对工程特点，进行重大危险源的辨识。应制定防触电、防坍塌、防高处坠落、防起重及机械伤害、防火灾、防物体打击等主要内容的专项应急救援预案，并对施工现场易发生重大安全事故的部位、环节进行监控；

2. 施工现场应建立应急救援组织，培训、配备应急救援人员，定期组织员工进行应急救援演练；

3. 按应急救援预案要求，应配备应急救援器材和设备。

1.6.2 条文释义

1. 项目部应当根据施工现场存在的重大危险源和可能发生的事故类型，制定相应的专项应急预案；专项应急预案应当包括危险性分析、可能发生的事故特征、应急组织机构与职责、预防措施、应急处置程序和应急保障等内容。对于危险性较大的部位和环节，项目部还应当制定相应的现场处置方案。

2. 项目部应定期组织应急救援预案演练。对难以进行现场演练的预案，可按演练程序和内容采取室内模拟演练。结合事故的预防重点，每年至少组织一次综合应急预案演练或者专项应急预案演练，每半年至少组织一次现场处置方案演练。

3. 应急处置物资保障应配备相应的应急救援器材，包括急救箱、氧气袋、担架、应急照明灯具、消防器材、通信器材、机械、设备、材料、工具车辆、备用电源等，并应设专人保管、维护。

1.7 分包单位的安全管理

1.7.1 标准原文

1. 总包单位应对承揽分包工程的分包单位进行资质、安全生产许可证和相关人员安全生产资格的审查；

2. 当总包单位与分包单位签订分包合同时，应签订安全生产协议书，明确双方的安全责任；

3. 分包单位应按规定建立安全机构，配备专职安全员。

1.7.2 条文释义

1. 总承包单位与分包单位签订分包合同前，要检查分包单位的资质材料，包括营业执照、资质证书、安全生产许可证、法人授权委托书等。在签订分包合同时，要同时签订安全生产协议，协议中应明确总、分包单位的安全权责，文本签章齐全。

2. 分包单位应成立安全监督保障机构，按照住房和城乡建设部的规定设立专职安全员，配备原则为：专业承包单位应当至少1人，并根据所承担的分部分项工程的工程量和施工危险程度增加；劳务分包单位施工人员在50人以下的，应当配备1名专职安全生产管理人员；50～200人的，应当配备2名专职安全管理人员；200人以上的，应当配备3名及以上专职安全生产管理人员，并根据所承担的分部分项工程危险实际情况增加，不得少于工程施工人员总数的5‰。

1.8 持 证 上 岗

1.8.1 标准原文

1. 从事建筑施工的项目经理、专职安全员和特种作业人员，必须经行业主管部门培训考核合格，取得相应资格证书，方可上岗作业；

2. 项目经理、专职安全员和特种作业人员应持证上岗。

1.8.2　条文释义

1. 项目经理、安全员、特种作业人员应登记造册，资格证书复印留查，并按规定年限进行继续教育、延期审核。

2. 特种作业工种包括：建筑电工、建筑架子工、建筑起重信号司索工、建筑起重机司机、建筑起重机械安装拆卸工、高处作业吊篮安装拆卸工及经省级以上人民政府建设主管部门认定的其他特种作业人员。特种作业人员应按照规定参加专业培训并经考试合格后持证上岗，定期参加复试。

1.9　生产安全事故处理

1.9.1　标准原文

1. 当施工现场发生生产安全事故时，施工单位应按规定及时报告；

2. 施工单位应按规定对生产安全事故进行调查分析，制定防范措施；

3. 应依法为施工作业人员办理保险。

1.9.2　条文释义

1. 根据人员伤亡和直接经济损失的情况，生产安全事故一般分为以下等级：

1）特别重大事故：造成30人及以上死亡，或者100人及以上重伤，或者1亿元及以上直接经济损失的事故；

2）重大事故：造成10人及以上30人以下死亡，或者50人及以上100人以下重伤，或者5000万元及以上1亿元以下直接经济损失的事故；

3）较大事故：造成 3 人及以上 10 人以下死亡，或者 10 人及以上 50 人以下重伤，或者 1000 万元及以上 5000 万元以下直接经济损失的事故；

4）一般事故：造成 3 人以下死亡，或者 10 人以下重伤，或者 1000 万元以下直接经济损失的事故。

施工现场发生生产安全事故后，应立即逐级上报。

2. 发生各类生产安全事故，项目部应积极配合上级调查组进行工作。发生轻伤和险兆事故时，应将项目部自行调查总结、预防措施情况及处理结果进行登记。

3. 按照《中华人民共和国建筑法》的规定，建筑施工企业应当依法为职工参加工伤保险，缴纳工伤保险费。鼓励企业为从事危险作业的职工办理意外伤害保险，支付保险费。

1.10　安　全　标　志

1.10.1　标准原文

1. 施工现场入口处及主要施工区域、危险部位应设置相应的安全警示标志牌；
2. 施工现场应绘制安全标志布置图；
3. 应根据工程部位和现场设施的变化，调整安全标志牌设置；
4. 施工现场应设置重大危险源公示牌。

1.10.2　条文释义

1. 施工单位应当在施工现场入口处、施工起重机械、临时用电设施、脚手架、出入通道口、楼梯口、电梯井口、孔洞口、桥梁口、隧道口、基坑边沿、爆破物及有害危险气体和液体存放处等危险部位，设置明显的安全警示标志。对夜间施工或人员经常通行的危险区域、设施，应安装灯光警示标志。安全警示标志必须符合国家标准。

2. 施工现场应针对作业条件悬挂符合现行国家标准《安全标志》GB 2894 的安全色标，并应绘制施工现场安全标志布置图。当多层建筑各层标志不一致时，应按各层实际情况绘制各层安全标志布置图。安全标志布置图应有绘制人签名，并经项目经理审批。

3. 安全色标应有专人管理维护，损坏应及时更换。安全色标应按照作业条件、区域、危险部位的变化，及时调整悬挂位置，做到清晰醒目。

4. 按照危险源辨识的情况，施工现场应设置重大危险源公示牌。

第2章 文明施工

文明施工检查评分表

序号	检查项目		扣分标准	应得分数	扣减分数	实得分数
1	保证项目	现场围挡	市区主要路段的工地未设置封闭围挡或围挡高度小于2.5m，扣5～10分 一般路段的工地未设置封闭围挡或围挡高度小于1.8m，扣5～10分 围挡未达到坚固、稳定、整洁、美观，扣5～10分	10		
2		封闭管理	施工现场进出口未设置大门，扣10分 未设置门卫室扣5分 未建立门卫值守管理制度或未配备门卫值守人员，扣2～6分 施工人员进入施工现场未佩戴工作卡，扣2分 施工现场出入口未标有企业名称或标识，扣2分 未设置车辆冲洗设施扣3分	10		
3		施工场地	施工现场主要道路及材料加工区地面未进行硬化处理，扣5分 施工现场道路不畅通、路面不平整坚实，扣5分 施工现场未采取防尘措施，扣5分 施工现场未设置排水设施或排水不通畅、有积水，扣5分 未采取防止泥浆、污水、废水污染环境措施，扣2～10分 未设置吸烟处、随意吸烟，扣5分 温暖季节未进行绿化布置，扣3分	10		

序号	检查项目	扣分标准	应得分数	扣减分数	实得分数
4		建筑材料、构件、料具未按总平面布局码放，扣4分 材料码放不整齐，未标明名称、规格，扣2分 施工现场材料存放未采取防火、防锈蚀、防雨措施，扣3~10分 建筑物内施工垃圾的清运未使用器具或管道运输，扣5分 易燃易爆物品未分类储藏在专用库房、未采取防火措施，扣5~10分	10		
5	保证项目	施工作业区、材料存放区与办公、生活区未采取隔离措施，扣6分 宿舍、办公用房防火等级不符合有关消防安全技术规范要求，扣10分 在施工程、伙房、库房兼做住宿，扣10分 宿舍未设置可开启式窗户，扣4分 宿舍未设置床铺、床铺超过2层或通道宽度小于0.9m，扣2~6分 宿舍人均面积或人员数量不符合规范要求，扣5分 冬季宿舍内未采取采暖和防一氧化碳中毒措施，扣5分 夏季宿舍内未采取防暑降温和防蚊蝇措施，扣5分 生活用品摆放混乱、环境卫生不符合要求，扣3分	10		
6		施工现场未制定消防安全管理制度、消防措施，扣10分 施工现场的临时用房和作业场所的防火设计不符合规范要求，扣10分 施工现场消防通道、消防水源的设置不符合规范要求，扣5~10分 施工现场灭火器材布局、配置不合理或灭火器材失效，扣5分 未办理动火审批手续或未指定动火监护人员，扣5~10分	10		
	小计		60		

序号	检查项目		扣 分 标 准	应得分数	扣减分数	实得分数
7	一般项目	综合治理	生活区未设置供作业人员学习和娱乐场所，扣2分 施工现场未建立治安保卫制度或责任未分解到人，扣3~5分 施工现场未制定治安防范措施，扣5分	10		
8		公示标牌	大门口处设置的公示标牌内容不齐全，扣2~8分 标牌不规范、不整齐，扣3分 未设置安全标语，扣3分 未设置宣传栏、读报栏、黑板报，扣2~4分	10		
9		生活设施	未建立卫生责任制度，扣5分 食堂与厕所、垃圾站、有毒有害场所的距离不符合规范要求，扣2~6分 食堂未办理卫生许可证或未办理炊事人员健康证，扣5分 食堂使用的燃气罐未单独设置存放间或存放间通风条件不良，扣2~4分 食堂未配备排风、冷藏、消毒、防鼠、防蚊蝇等设施，扣4分 厕所内的设施数量和布局不符合规范要求，扣2~6分 厕所卫生未达到规定要求，扣4分 不能保证现场人员卫生饮水，扣5分 未设置淋浴室或淋浴室不能满足现场人员需求，扣4分 生活垃圾未装容器或未及时清理，扣3~5分	10		
10		社区服务	夜间未经许可施工，扣8分 施工现场焚烧各类废弃物，扣8分 施工现场未制定防粉尘、防噪声、防光污染等措施，扣5分 未制定施工不扰民措施，扣5分	10		
		小计		40		
检查项目合计				100		

2.1 现 场 围 挡

2.1.1 标准原文

1. 市区主要路段的工地应设置高度不小于 2.5m 的封闭围挡；

2. 一般路段的工地应设置高度不小于 1.8m 的封闭围挡；

3. 围挡应坚固、稳定、整洁、美观。

2.1.2 条文释义

1. 围挡高度按当地行政管理部门规定，市区主要路段的工地周围设置的围挡高度不低于 2.5m；一般路段的工地周围设置的围挡高度不低于 1.8m。

2. 工地必须沿四周连续设置封闭围挡，围挡材料应选用砌体、金属板材等刚性材料，做到坚固、稳定、整洁和美观，禁止使用彩条布、竹笆、安全网等易燃易变形材料。

2.2 封 闭 管 理

2.2.1 标准原文

1. 施工现场进出口应设置大门，并应设置门卫值班室；

2. 应建立门卫职守管理制度，并应配备门卫职守人员；

3. 施工人员进入施工现场应佩戴工作卡；

4. 施工现场出入口应标有企业名称或标识，并应设置车辆冲洗设施。

2.2.2 条文释义

1. 为加强现场管理，施工现场应有固定的出入口。出入门口应设置大门、门卫室。出入门口的形式，各地区、各企业可按自己的特点进行设计。门卫室应设专职门卫人员，建立门卫管理制度。

2. 为加强对出入现场人员的管理，规定进入施工现场的人员都应佩戴工作卡以示证明，工作卡应佩戴整齐。

2.3 施 工 场 地

2.3.1 标准原文

1. 施工现场的主要道路及材料加工区地面应进行硬化处理；
2. 施工现场道路应畅通，路面应平整坚实；
3. 施工现场应有防止扬尘措施；
4. 施工现场应设置排水设施，且排水通畅无积水；
5. 施工现场应有防止泥浆、污水、废水污染环境的措施；
6. 施工现场应设置专门的吸烟处，严禁随意吸烟；
7. 温暖季节应有绿化布置。

2.3.2 条文释义

1. 现场主要道路必须采用混凝土、碎石或其他硬质材料进行硬化处理，做到平整、坚实。

2. 施工场地应有循环干道，道路上不得堆放材料、保证道路畅通，其宽度应能满足施工及消防等要求。

3. 对现场易产生扬尘污染的路面、裸露地面及存放的土方等，应采取合理、严密的防尘措施，并设车辆冲洗设施。

4. 施工现场应有良好的排水设施，保证排水畅通、路面无大面积积水。

5. 要做好施工现场的管道维护工作，不能有跑、冒、滴、漏或大面积积水等现象。

6. 工程施工的废水、泥浆应经排水沟或管道排放到工地集水池统一沉淀处理，不得随意排放，以防止污染施工区域以外的河道、路面。

7. 施工现场应禁止吸烟以防止发生危险，应结合工程情况设置固定的吸烟室或吸烟区，吸烟区域应远离危险区并配备必要的灭火器材。

8. 施工现场应减少土地占用并应有环境保护措施，温暖季节应有绿化布置。

2.4 材 料 管 理

2.4.1 标准原文

1. 建筑材料、构件、料具应按总平面布局进行码放；

2. 材料应码放整齐，并应标明名称、规格等；

3. 施工现场材料码放应采取防火、防锈蚀、防雨等措施；

4. 建筑物内施工垃圾的清运，应采用器具或管道运输，严禁随意抛掷；

5. 易燃易爆物品应分类储藏在专用库房内，并应制定防火措施。

2.4.2 条文释义

1. 应根据施工现场实际面积及安全消防要求，合理布置材料的存放位置，施工现场的工具、构件、材料堆放必须按照总平面图规定的位置放置。

2. 各种材料、构件堆放必须按品种、分规格堆放，并设置明显标牌。各种物料堆放必须整齐，砌块、砂、石等材料成方，大型工具应一头见齐，钢筋、构件、钢模板应堆放整齐用木方垫起。现场存放的材料（如：钢筋、水泥等），为了达到质量和环境保护的要求，应有防雨浸泡、防锈蚀和防尘措施。

3. 作业层及建筑物楼层内，物料应随完工随清理。除现场浇筑混凝土的施工层外，下部各楼层凡达到混凝土强度的，应随拆模，随及时运走，不能马上运走的必须码放整齐。

4. 建筑物内施工垃圾要及时清运，为防止造成人员伤亡和环境污染，必须采用合适的容器或管道运输，严禁凌空抛投。

5. 现场易燃易爆物品不得混放，建立严格的管理保障措施。除现场设有集中存放处外，应施工需要零散使用的易燃易爆物品必须按有关规定存放。在使用和储藏过程中，必须有防暴晒、防火等保护措施，并应间距合理、分类存放。

2.5　现场办公与住宿

2.5.1　标准原文

1. 施工作业、材料存放区与办公、生活区应划分清晰，并应采取相应的隔离措施；

2. 在施工程内、伙房、库房不得兼做宿舍；

3. 宿舍、办公用房的防火等级应符合规范要求；

4. 宿舍应设置可开启式窗户，床铺不得超过2层，通道宽度不应小于0.9m；

5. 宿舍内住宿人员人均面积不应小于2.5m²，且不得超过16人；

6. 冬季宿舍内应有采暖和防一氧化碳中毒措施；

7. 夏季宿舍内应有防暑降温和防蚊蝇措施；

8. 生活用品应摆放整齐，环境卫生应良好。

2.5.2　条文释义

1. 施工现场必须将施工作业区、材料存放区、办公区、生活区划分清晰。在建工程内、伙房、库房不得兼作宿舍。

2. 施工现场应做到作业区、材料区与办公区、生活区有明显划分，有隔离和安全防护措施，以防止发生事故。如因场地狭小，不能达到安全距离要求的，必须对办公区、生活区采取可靠的防护措施。

3. 宿舍内严禁使用通铺，为了达到安全和消防的要求，宿舍内应有必要的生活空间。

4. 建立宿舍卫生管理和检查制度，并应做好检查记录。宿舍内床铺及各种生活用品需放置整齐，宿舍门向外开，生活用品摆放整齐、干净，室内无异味。宿舍内应设置垃圾桶，宿舍外宜设置鞋柜或鞋架，生活区内应提供为作业人员晾晒衣物的场地。

5. 随着季节的变化，夏季宿舍应有防暑降温和防蚊蝇措施，并应定期安排专人投放和喷洒药物。冬季宿舍应有采暖措施和防一氧化碳中毒措施。

6. 宿舍外环境也要注意保持，废弃物不乱泼乱倒。宜采取物业化管理，设垃圾桶、污水池，室内照明灯具低于 2.5m 时，采用 36V 安全电压。

7. 现场施工人员若患有法定传染病时，应及时隔离，并交由卫生防疫部门处置。

2.6 现 场 防 火

2.6.1 标准原文

1. 施工现场应建立消防安全管理制度、制定消防措施；

2. 施工现场临时用房和作业场所的防火设计应符合规范要求；

3. 施工现场应设置消防通道、消防水源，并应符合规范要求；

4. 施工现场灭火器材应保证可靠有效，布局配置应符合规范要求；

5. 明火作业应履行动火审批手续，配备动火监护人员。

2.6.2 条文释义

1. 施工现场应根据作业条件建立消防制度，制定消防措施，并记录落实效果。

2. 根据作业环境的不同，合理配备灭火器材。对于易燃材料，如木料、保温材料、安全网等须实行入库、存储管理制度，并配备相应、有效、足够的消防器材。对于电气设备附近应设置干粉类不导电的灭火器材；对于泡沫灭火器应注明换药日期并采取必要的防晒、防锈蚀等措施。灭火器材设置的位置、数量及类别均应符合有关消防规定。

3. 当建筑高度大于24m或单体体积超过300m³时，应设置临时室内消防给水系统，消防立管直径应在DN100以上，并配备有足够扬程的高压水泵以保证水压，每层设置消防水源接口。

4. 施工现场应建立动火审批制度。动火作业前必须履行动火审批程序，经主管部门审批（审批时应写明要求和注意事项），经监护人和主管人员确认同意，消防设施到位后方可施工。动火作业后，必须确认无火源危险后方可离开。

2.7 综 合 治 理

2.7.1 标准原文

1. 生活区内应设置供作业人员学习和娱乐的场所；
2. 施工现场应建立治安保卫制度、责任分解落实到人；
3. 施工现场应制定治安防范措施。

2.7.2 条文释义

1. 施工现场应在生活区内设置供作业人员学习和娱乐的场

所，以使施工人员消除疲劳，丰富精神生活。

2. 施工现场应建立治安保卫制度，并将责任分解到人，随时抽查责任落实情况。

3. 施工现场应制定具有针对性的治安防范措施，保证社会安定、措施得力，效果显著。

2.8 公 示 标 牌

2.8.1 标准原文

1. 大门口处应设置公示标牌，主要内容应包括：工程概况牌、消防保卫牌、安全生产牌、文明施工牌、管理人员名单及监督电话牌、施工现场总平面图；

2. 标牌应规范、整齐、统一；

3. 施工现场应有安全标语；

4. 应有宣传栏、读报栏、黑板报。

2.8.2 条文释义

1. 大门口处应设置明显整齐的公示标牌，主要包括"五牌一图"：工程概况牌、管理人员名单及监督电话牌、消防保卫牌、安全生产牌、文明施工牌、施工现场总平面图。公示牌内容无具体限定，各企业可结合地区情况和企业及工程特点对标牌内容自行调整、补充。

2. 标牌是展示企业形象的重要环节，所以内容要明晰具有针对性，标牌制作、标挂也应规范整齐，字体应工整统一。

3. 为进一步提升安全宣教工作的力度和作用，要求施工现场在明显处设置必要的安全内容的标语。

4. 施工现场应设置读报栏、宣传栏、黑板报等宣传园地，普及安全技术知识，公示奖惩，提升精神文明水平。

2.9 生活设施

2.9.1 标准原文

1. 应建立卫生责任制度并落实到人；

2. 食堂与厕所、垃圾站、有毒有害场所等污染源的距离应符合规范要求；

3. 食堂必须有卫生许可证，炊事人员必须持身体健康证上岗；

4. 食堂使用的燃气罐应单独设置存放间，存放间应通风良好，并严禁存放其他物品；

5. 食堂的卫生环境应良好，且应配备必要的排风、冷藏、消毒、防鼠、防蚊蝇等设施；

6. 厕所内的设施数量和布局应符合规范要求；

7. 厕所必须符合卫生要求；

8. 必须保证现场人员卫生饮水；

9. 应设置淋浴室，且能满足现场人员需求；

10. 生活垃圾应装入密闭式容器内，并应及时清理。

2.9.2 条文释义

1. 施工现场应建立生活卫生管理制度并落实到人。

2. 厕所内的蹲位和小便池数量和布局应满足现场人员的需求，有条件的应设水冲式厕所，高层建筑或作业面积大的场地应设置临时性厕所，并有专人负责管理。

3. 食堂必须有卫生许可证或餐饮服务许可证，在食堂明显处张挂卫生责任制并落实到人。炊事人员必须持有卫生防疫部门颁发的身体健康证上岗，炊事人员穿洁净工作服，食堂卫生设专人管理和消毒。

4. 生熟食应分别存放、燃气罐应单独设置存放间，存放间应通风良好，并严禁存放其他物品。

5. 食堂卫生环境应符合相关卫生要求，门扇下方设防鼠挡板，操作间设清洗池、消毒池、隔油池，配备必要排风、防蚊蝇等设施，储藏间应配有冰柜等冷藏设施，防止食物变质。

6. 施工人员应饮用符合卫生要求的白开水。施工现场应保证生活用水，设专人管理。

7. 施工现场应按作业人员的数量设置足够使用的淋浴设施，淋浴室与人员的比例宜大于1∶20。淋浴室在寒冷季节应有暖气、热水，淋浴室应建立管理制度，设专人管理。

8. 生活垃圾应集中装入密闭式容器内，与施工垃圾分类存放，并及时清运。

9. 食堂与厕所、垃圾站等污染及有害场所的间距必须大于15m，并应设置在上风侧（地区主导风向）。

2.10 社 区 服 务

2.10.1 标准原文

1. 夜间施工前，必须经批准后方可进行施工；
2. 施工现场严禁焚烧各类废弃物；
3. 施工现场应制定防粉尘、防噪声、防光污染等措施；
4. 应制定施工不扰民措施。

2.10.2 条文释义

1. 施工现场应制定不扰民措施，针对施工工艺设置防尘、防噪声、防光污染等专项设施，以控制扬尘污染、噪声污染（施工现场噪声规定昼间不超过70分贝，夜间不超过55分贝）及光污染，并设专人管理、检查，或与社区定期联系听取意见，对合理意见应处理及时，工作应有记录。

2. 根据地区规定，超出允许时间范围进行施工时（夜间施工），应经主管部门批准后方能施工。

3. 现场严禁焚烧有毒、有害物质，应按相关规定处理。

第3章 扣件式钢管脚手架

扣件式钢管脚手架检查评分表

序号	检查项目		扣分标准	应得分数	扣减分数	实得分数
1	保证项目	施工方案	架体搭设未编制专项施工方案或未按规定审核、审批，扣10分 架体结构设计未进行设计计算，扣10分 架体搭设超过规范允许高度，专项施工方案未按规定组织专家论证，扣10分	10		
2		立杆基础	立杆基础不平、不实、不符合专项施工方案要求，扣5～10分 立杆底部缺少底座、垫板或垫板的规格不符合规范要求，每处扣2～5分 未按规范要求设置纵、横向扫地杆，扣5～10分 扫地杆的设置和固定不符合规范要求，扣5分 未采取排水措施，扣8分	10		
3		架体与建筑结构拉结	架体与建筑结构拉结方式或间距不符合规范要求，每处扣2分 架体底层第一步纵向水平杆处未按规定设置连墙件或未采用其他可靠措施固定，每处扣2分 搭设高度超过24m的双排脚手架，未采用刚性连墙件与建筑结构可靠连接，扣10分	10		

序号	检查项目		扣分标准	应得分数	扣减分数	实得分数
4	保证项目	杆件间距与剪刀撑	立杆、纵向水平杆、横向水平杆间距超过设计或规范要求，每处扣2分 未按规定设置纵向剪刀撑或横向斜撑，每处扣5分 剪刀撑未沿脚手架高度连续设置或角度不符合规范要求，扣5分 剪刀撑斜杆的接长或剪刀撑斜杆与架体杆件固定不符合规范要求，每处扣2分	10		
5		脚手板与防护栏杆	脚手板未满铺或铺设不牢、不稳，扣5～10分 脚手板规格或材质不符合规范要求，扣5～10分 架体外侧未设置密目式安全网封闭或网间连接不严，扣5～10分 作业层防护栏杆不符合规范要求，扣5分 作业层未设置高度不小于180mm的挡脚板，扣3分	10		
6		交底与验收	架体搭设前未进行交底或交底未有文字记录，扣5～10分 架体分段搭设、分段使用未进行分段验收，扣5分 架体搭设完毕未办理验收手续，扣10分 验收内容未进行量化，或未经责任人签字确认，扣5分	10		
		小计		60		

序号	检查项目		扣分标准	应得分数	扣减分数	实得分数
7	一般项目	横向水平杆设置	未在立杆与纵向水平杆交点处设置横向水平杆，每处扣2分 未按脚手板铺设的需要增加设置横向水平杆，每处扣2分 双排脚手架横向水平杆只固定一端，每处扣2分 单排脚手架横向水平杆插入墙内小于180mm，每处扣2分	10		
8		杆件连接	纵向水平杆搭接长度小于1m或固定不符合要求，每处扣2分 立杆除顶层顶步外采用搭接，每处扣4分 杆件对接扣件的布置不符合规范要求，扣2分 扣件紧固力矩小于40N·m或大于65N·m，每处扣2分	10		
9		层间防护	作业层脚手板下未采用安全平网兜底或作业层以下每隔10m未采用安全平网封闭，扣5分 作业层与建筑物之间未按规定进行封闭，扣5分	10		
10		构配件材质	钢管直径、壁厚、材质不符合要求，扣5～10分 钢管弯曲、变形、锈蚀严重，扣10分 扣件未进行复试或技术性能不符合标准，扣5分	5		
11		通道	未设置人员上下专用通道，扣5分 通道设置不符合要求，扣2分	5		
		小计		40		
检查项目合计				100		

3.1 施 工 方 案

3.1.1 标准原文

1. 架体搭设应编制专项施工方案，结构设计应进行计算，并按规定进行审核、审批；

2. 当架体搭设超过规范允许高度时，应组织专家对专项施工方案进行论证。

3.1.2 条文释义

1. 专项施工方案内容应包括：工程概况、编制依据、架体选型、架体构配件要求、架体搭设施工方法（基础处理、杆件间距、连墙件位置、连接方法及有关详图）、架体搭设、拆除安全技术措施、架体基础、连墙件及各受力杆件设计计算等内容。

专项施工方案应经单位技术负责人审核、审批后方可实施。

2. 扣件式钢管脚手架搭设构造尺寸符合下表要求时，其相应杆件可不再进行设计计算。但连墙件、立杆地基承载力等仍应根据实际荷载进行设计计算。

常用密目式安全网全封闭式双排脚手架的设计尺寸（m）

连墙件设置	立杆横距 l_0	步距 h	下列荷载时的立杆纵距 l_a				脚手架允许搭设高度 $[H]$
			$2+0.35$ (kN/m²)	$2+2+2 \times 0.35$ (kN/m²)	$3+0.35$ (kN/m²)	$3+2+2 \times 0.35$ (kN/m²)	
二步三跨	1.05	1.50	2.0	1.5	1.5	1.5	50
		1.80	1.8	1.5	1.5	1.5	32
	1.30	1.50	1.8	1.5	1.5	1.5	50
		1.80	1.5	1.2	1.5	1.2	30
	1.55	1.50	1.8	1.5	1.5	1.5	38
		1.80	1.8	1.2	1.5	1.2	22

连墙件设置	立杆横距 l_0	步距 h	下列荷载时的立杆纵距 l_a				脚手架允许搭设高度 $[H]$
			$2+0.35$ (kN/m^2)	$2+2+2$ $\times 0.35$ (kN/m^2)	$3+0.35$ (kN/m^2)	$3+2+2$ $\times 0.35$ (kN/m^2)	
三步三跨	1.05	1.50	2.0	1.5	1.5	1.5	43
		1.80	1.8	1.2	1.5	1.2	24
	1.30	1.50	1.8	1.5	1.5	1.2	30
		1.80	1.8	1.2	1.5	1.2	17

注：1. 表中所示 $2+2+2\times0.35(kN/m^2)$，包括下列荷载：$2+2(kN/m^2)$ 为二层装修作业层施工荷载标准值；$2\times0.35(kN/m^2)$ 为二层作业层脚手板自重荷载标准值。

2. 作业层横向水平杆间距，应按不大于 $l_a/2$ 设置。

3. 地面粗糙度为 B 类，基本风压 $\omega_0=0.4kN/m^2$

常用密目式安全网完全封闭式单排脚手架的设计尺寸（m）

连墙件设置	立杆横距 l_0	步距 h	下列荷载时的立杆纵距 l_a		脚手架允许搭设高度 $[H]$
			$2+0.35$ (kN/m^2)	$3+0.35$ (kN/m^2)	
二步三跨	1.20	1.50	2.0	1.8	24
		1.80	1.5	1.2	24
	1.40	1.50	1.8	1.5	24
		1.80	1.5	1.2	24
三步三跨	1.20	1.50	2.0	1.8	24
		1.80	1.2	1.2	24
	1.40	1.50	1.8	1.5	24
		1.80	1.2	1.2	24

注：1. 表中所示 $2+0.35(kN/m^2)$，包括下列荷载：$2(kN/m^2)$ 为一层装修作业层施工荷载标准值；$0.35(kN/m^2)$ 为一层作业层脚手板自重荷载标准值。

2. 作业层横向水平杆间距，应按不大于 $l_a/2$ 设置。

3. 地面粗糙度为 B 类，基本风压 $\omega_0=0.4kN/m^2$。

搭设高度超过 50m 的双排脚手架，可采用双管立杆搭设、分段卸荷及分段搭设等方式，并根据现场实际工况条件进行专门设计计算，专项施工方案必须经过有关技术专家的论证审核后方可组织实施。

在实际施工生产中，搭设高度超过 50m 的双排脚手架宜采用分段搭设形式（即分段悬挑脚手架），其设计计算成熟、材料周转率高、安全性能可靠。双立杆架体在设计计算方面，目前规范中尚无明确的规定，分段卸荷架体在卸荷点的设置及卸荷点受力均匀等方面也存在许多难点，所以要慎重选用。

3.2 立杆基础

3.2.1 标准原文

1. 立杆基础应按方案要求平整、夯实，并应采取排水措施，立杆底部设置的垫板、底座应符合规范要求；

2. 架体应在距立杆底端高度不大于 200mm 处设置纵、横向扫地杆，并应用直角扣件固定在立杆上，横向扫地杆应设置在纵向扫地杆的下方。

3.2.2 条文释义

1. 当脚手架的搭设基础为自然原状土或回填土层时，首先要对立杆基础土层部分进行平整夯实，再按照规范要求设置底座和垫板。垫板可以选用脚手板，长度不小于两倍立杆跨距，厚度不小于 50mm，宽度不小于 200mm，以保证架体立杆受力均匀。

当脚手架搭设的基础为永久性建筑结构混凝土基面时，立杆下可不设垫板，但必须保证混凝土结构承载力能满足全高架体及架体上施工荷载的需求。

脚手架立杆基础应采取可靠的排水措施，有效防止因雨水囤积导致地基不均匀沉降，进而危及脚手架整体稳定的情况。基础的标高应高于自然地坪 50～100mm。

2. 纵向扫地杆应采用直角扣件固定在距钢管底端不大于 200mm 处的立杆上。横向扫地杆应采用直角扣件固定在紧靠纵向扫地杆下方的立杆上。设置纵横向扫地杆目的在于固定立杆底部，约束立杆水平位移及不均匀变形。

当脚手架立杆基础不在同一高度上时，必须将高处的纵横向扫地杆向低处延长两跨与立杆固定，高低差不应大于 1m。靠边坡上方的立杆轴线到边坡距离不应小于 500mm，以保证脚手架根部的稳定。

3.3 架体与建筑结构拉结

3.3.1 标准原文

1. 架体与建筑结构拉结应符合规范要求；

2. 连墙件应从架体底层第一步纵向水平杆处开始设置，当该处设置有困难时应采取其他可靠措施固定；

3. 对搭设高度超过 24m 的双排脚手架，应采用刚性连墙件与建筑结构可靠拉结。

3.3.2 条文释义

1. 脚手架与建筑物拉结，不仅是为了防止脚手架在风荷载和其他水平力作用下产生倾覆，更重要的是它对立杆起到了中间支座的作用，强化脚手架的整体稳定，提高了承载力。增大连墙件的间距会使立杆的承载能力大幅度下降，同样的架体构造，相同的施工荷载，连墙件为二步三跨，架体搭设高度可为 50m，当连墙件为三步三跨时，架体搭设高度降低为 43m。这表明连墙件的设置对保证脚手架的稳定性至关重要。

连墙件位置应在专项施工方案中确定，并绘制布设位置简图及细部做法详图，不得在搭设作业中随意设置，严禁在架体使用期间拆除连墙件。

2. 连墙件应靠近主节点并从第一步纵向水平杆处开始设置，是由于第一步立柱所承受的轴向力最大，在该处设置连墙件就等同于给立杆增设了一个支座，这是从构造上保证脚手架立杆局部稳定性的重要措施之一。当脚手架刚刚开始搭设，下部暂不能设置连墙件时，可以采取设置抛撑的方式对架体进行防倾覆加固。抛撑应采用通长杆件，与地面夹角在 $45°\sim60°$ 之间，与脚手架的连接点至主节点的距离不应大于 300mm，用扣件进行固定。

3. 对高度 24m 以上的双排脚手架，应采用可以承受拉力和压力构造的刚性连墙件与建筑物连接，不得采用柔性连接。

3.4 杆件间距与剪刀撑

3.4.1 标准原文

1. 架体立杆、纵向水平杆、横向水平杆间距应符合设计和规范要求；

2. 纵向剪刀撑及横向斜撑的设置应符合规范要求；

3. 剪刀撑杆件的接长、剪刀撑斜杆与架体杆件的固定应符合规范要求。

3.4.2 条文释义

1. 搭设高度在 50m 以内的架体，其立杆、纵横向水平杆间距一般选用的是规范中的构造尺寸。

当架体搭设高度超过 50m 或架体存在开洞、异型转角等特殊情况时，对架体杆件间距进行的加密或加强均需依照规范要求进行相关设计计算。

2. 每道剪刀撑宽度不应小于 4 跨（跨越 5～7 根立杆），且不应小于 6m，斜杆与地面的倾角应在 $45°\sim60°$ 之间。

高度在 24m 以下的单、双排脚手架，均必须在外侧两端、转角及中间间隔不超过 15m 的立面上，各设置一道由底至顶连续的剪刀撑。

高度在 24m 以上的双排脚手架应在外侧立面沿高度和长度方向连续设置剪刀撑。

横向斜撑应在同一节间，由底至顶层呈之字形连续布置。设置横向斜撑可以提高脚手架的横向刚度，并能显著提高脚手架的稳定承载力。

开口型双排脚手架的两端均必须设置横向斜撑。开口型脚手架两端是薄弱环节，将其两端设置横向斜撑，并与主体结构加强连接，可对这类脚手架提供较强的整体刚度。

高度在 24m 以下的封闭型双排脚手架可不设置横向斜撑，高度在 24m 以上的封闭型脚手架，除拐角应设置横向斜撑外，中间应每隔 6 跨设置一组。

3. 剪刀撑斜杆的接长应采用搭接。搭接长度不应小于 1m，并采用不少于 2 个旋转扣件固定。端部扣件盖板的边缘至杆端距离不应小于 100mm。

剪刀撑斜杆应用扣件固定在与之相交的横向水平杆的伸出端或立杆上（即要求剪刀撑斜杆应贯穿架体主节点），扣件中心线至主节点的距离不应大于 150mm，以保证剪刀撑的有效传力，减少对立杆中间薄弱部位的侧向受力。

3.5 脚手板与防护栏杆

3.5.1 标准原文

1. 脚手板材质、规格应符合规范要求，铺板应严密、牢靠；
2. 架体外侧应采用密目式安全网封闭，网间连接应严密；
3. 作业层应按规范要求设置防护栏杆；
4. 作业层外侧应设置高度不小于 180mm 的挡脚板。

3.5.2 条文释义

1. 脚手板可以采用钢、木、竹等材料制作。为便于现场搬运及使用，单块脚手板的质量不宜大于30kg。

冲压钢脚手板应用厚度2mm的Q235级钢材制作，板面无锈蚀、裂纹；木脚手板采用杉木板或落叶松板，厚度不应小于50mm，板面应无腐朽、劈裂；竹脚手板宜采用毛竹或楠竹制作的竹串板、竹笆板，竹板由穿钉固定，无残缺竹片。

当脚手板长度小于2m时，可采用两根横向水平杆支承，其板的两端均应固定在支撑杆件上。

脚手板的铺设应采用对接平铺或搭接铺设。脚手板对接平铺时，接头处应设两根横向水平杆，脚手板外伸长度应取130～150mm，两块脚手板外伸长度之和不应大于300mm；脚手板搭接铺设时，接头应支在横向水平杆上，搭接长度不应小于200mm，其伸出横向水平杆的长度不应小于100mm。

竹笆脚手板应按其主竹筋垂直于纵向水平杆方向铺设，且应对接平铺，四角应用直径不小于1.2mm的镀锌钢丝固定在纵向水平杆上。

2. 单、双排脚手架沿架体外侧应用密目式安全网封闭，密目式安全网宜设置在脚手架外立杆的内侧，并应与架体绑扎牢固。

3. 脚手架作业层应在外立杆的内侧设置防护栏杆，栏杆的高度应为1.2m，并应在外立杆内侧设置高度不低于180mm的挡脚板。

3.6 交底与验收

3.6.1 标准原文

1. 架体搭设前应进行安全技术交底，并应有文字记录；

2. 当架体分段搭设、分段使用时，应进行分段验收；

3. 搭设完毕应办理验收手续，验收应有量化内容并经责任人签字确认。

3.6.2 条文释义

1. 脚手架搭设、拆除作业前，施工负责人应按照专项施工方案及有关规范要求，结合施工现场作业条件和队伍情况，作详细的安全技术交底，交底应形成书面文字，并由相关责任人签字确认。

2. 依据现行行业标准《建筑施工扣件式钢管脚手架安全技术规范》JGJ130 的有关要求，脚手架应在搭设、使用的下列阶段应进行相应的验收检查，确认符合要求后，才可进行下一步作业或投入使用。

1）基础完工后及脚手架搭设前；

2）作业层上施加荷载前；

3）每搭设完 6～8m 或一个楼层高度后；

4）达到设计高度后；

5）遇有六级及以上强风或大雨后，冻结地区解冻后；

6）停用超过一个月。

3. 架体验收内容应依据专项施工方案及规范要求制定，对连墙件间距、扣件紧固力矩等内容的验收必须进行量化，实测实量。扣件应有产品合格证，并按规定复试，验收结果应经相关责任人签字确认。

3.7 横向水平杆件设置

3.7.1 标准原文

1. 横向水平杆应设置在纵向水平杆与立杆相交的主节点处，两端应与纵向水平杆固定；

2. 作业层应按铺设脚手板的需要增加设置横向水平杆；

3. 单排脚手架横向水平杆插入墙内不应小于 180mm。

3.7.2　条文释义

1. 横向水平杆应设置在纵向水平杆与立杆相交的主节点处，两端应与纵向水平杆固定。横向水平杆的作用为：一是承受脚手板传来的荷载；二是增强脚手架横向平面的刚度；三是约束双排脚手架内外两排立杆的侧向变形。

2. 作业层上非主节点部位增设横向水平杆，宜根据支承脚手板的需要等间距设置，保证最大间距不应大于立杆纵距的 1/2。

3. 单排脚手架的横向水平杆的一端应用直角扣件固定在纵向水平杆上，另一端应插入墙内，插入长度不应小于 180mm。横向水平杆插入墙内过短会影响架体承载能力，小横杆极易拔脱，导致单排架体产生变形。

3.8　杆　件　连　接

3.8.1　标准原文

1. 纵向水平杆杆件宜采用对接，若采用搭接，其搭接长度不应小于 1m，且固定应符合规范要求；

2. 立杆除顶层顶步外，不得采用搭接；

3. 杆件对接扣件应交错布置，并符合规范要求；

4. 扣件紧固力矩不应小于 40N·m，且不应大于 65N·m。

3.8.2　条文释义

1. 纵向水平杆应设置在立杆的内侧，可以减小横向水平杆跨度，便于安装剪刀撑。

纵向水平杆长度不应小于 3 跨，接长应采用对接扣件连接或采用搭接接长。

纵向水平杆搭接长度不应小于 1m，应等间距设置 3 个旋转扣件固定；端部扣件盖板边缘至搭接杆端的距离不应小于 100mm。

2. 单、双排脚手架立杆接长除顶层顶步外，其余各层各步接头必须采用对接扣件进行连接。采用对接接长，没有偏心荷载，可以提高架体承载能力。

3. 两根相邻纵向水平杆或立杆的接头不应设置在同步或同跨内；不同步或不同跨两相邻接头在水平方向错开的距离应不小于 500mm；各接头中心至最近主节点的距离不应大于纵距的 1/3（图 3.8.1）。

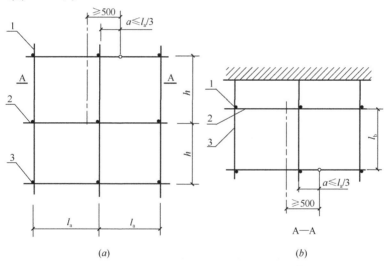

图 3.8.1　纵向水平杆对接接头布置
1—立杆；2—纵向水平杆；3—横向水平杆
（a）接头不在同步内（立面）；（b）接头不在同跨内（平面）

4. 扣件紧固力矩应控制在 40～65N·m。如果紧固力矩小于 40N·m，会导致扣件与脚手管间的摩擦力、抗滑力不足，使脚手架承载力大幅下降，甚至造成架体坍塌；如果紧固力矩大于

65N·m，很有可能对扣件的螺杆、螺母及盖板造成损坏，降低扣件自身的承载能力，危及脚手架的使用安全。

3.9 层间防护

3.9.1 标准原文

1. 作业层脚手板下应采用安全平网兜底，以下每隔 10m 应采用安全平网封闭；

2. 作业层里排架体与建筑物之间应采用脚手板或安全平网封闭。

3.9.2 条文释义

1. 脚手架作业层的脚手板铺设应牢靠、严密，并应采用安全平网在脚手板底部兜底封闭，起到对作业层的二次防护作用。作业层以下间隔不超过 10m 应用安全平网进行封闭，能有效防护高处坠落。

2. 作业层及封闭平网的水平层里排架体与建筑物之间的空隙部分宽度大于 150mm 时，已经构成发生高处落物、落人隐患，应采用脚手板或安全平网进行封闭防护。

3.10 构配件材质

3.10.1 标准原文

1. 钢管直径、壁厚、材质应符合规范要求；

2. 钢管弯曲、变形、锈蚀应在规范允许范围内；

3. 扣件应进行复试且技术性能符合规范要求。

3.10.2 条文释义

1. 脚手管应采用 Q235 普通钢管，管径宜采用 $\phi48.3mm\times3.6mm$，每根钢管最大质量不应大于 25.8kg。

2. 脚手管弯曲、变形、锈蚀程度超过规范允许值时，不允许在脚手架的搭设作业中使用。

3. 扣件是连接固定架体各杆件的主要配件，只有当紧固力矩达到 40N·m 时，才能保证脚手架的承载力和整体稳定，但由于扣件的材质低劣，加工粗糙，不能达到标准要求，造成脚手架坍塌的事故也屡屡发生，所以扣件进场必须有产品合格证，同时也应按规定进行复试，技术性能必须符合标准规定。

3.11 通 道

3.11.1 标准原文

1. 架体应设置供人员上下的专用通道；
2. 专用通道的设置应符合规范要求。

3.11.2 条文释义

1. 作业人员上下脚手架必须在专门设置的人行通道（斜道）内行走，不得攀爬脚手架，通道可以依附于脚手架设置，也可靠近建筑物独立设置，独立设置时通道的架体必须与主体结构进行可靠拉结。

2. 高度不大于 6m 的脚手架宜采用一字形斜道（一跑）；高度在 6m 以上的脚手架应为之字形斜道，拐弯处应设置不小于斜道宽度的休息平台。

人行斜道宽度不小于 1m，坡度不大于 1∶3；运料斜道宽度不应小于 1.5m，坡度不应大于 1∶6。

斜道两侧及平台外围应设置护栏及挡脚板，栏杆高度应为

1.2m，挡脚板高度不应小于 180mm。

通道整体的外围应由底至顶设置剪刀撑及横向斜撑。

斜道铺板上应每间隔 250～300mm 设置防滑木条，防滑木条厚度为 20～30mm。

第4章　门式钢管脚手架

门式钢管脚手架检查评分表

序号	检查项目		扣分标准	应得分数	扣减分数	实得分数
1	保证项目	施工方案	未编制专项施工方案或未进行设计计算，扣10分 专项施工方案未按规定审核、审批，扣10分 架体搭设超过规范允许高度，专项施工方案未组织专家论证，扣10分	10		
2		架体基础	架体基础不平、不实，不符合专项施工方案要求，扣5～10分 架体底部未设置垫板或垫板的规格不符合要求，扣2～5分 架体底部未按规范要求设置底座，每处扣2分 架体底部未按规范要求设置扫地杆，扣5分 未采取排水措施，扣8分	10		
3		架体稳定	架体与建筑物结构拉结方式或间距不符合规范要求，每处扣2分 未按规范要求设置剪刀撑，扣10分 门架立杆垂直偏差超过规范要求，扣5分 交叉支撑的设置不符合规范要求，每处扣2分	10		
4		杆件锁臂	未按规定组装或漏装杆件、锁臂，扣2～6分 未按规范要求设置纵向水平加固杆，扣10分 扣件与连接的杆件参数不匹配，每处扣2分	10		

43

序号	检查项目		扣分标准	应得分数	扣减分数	实得分数
5	保证项目	脚手板	脚手板未满铺或铺设不牢、不稳，扣5～10分 脚手板规格或材质不符合要求，扣5～10分 采用挂扣式钢脚手板时挂钩未挂扣在横向水平杆上或挂钩未处于锁住状态，每处扣2分	10		
6		交底与验收	架体搭设前未进行交底或交底未有文字记录，扣5～10分 架体分段搭设、分段使用未办理分段验收，扣6分 架体搭设完毕未办理验收手续，扣10分 验收内容未进行量化，或未经责任人签字确认，扣5分	10		
		小计		60		
7	一般项目	架体防护	作业层防护栏杆不符合规范要求，扣5分 作业层未设置高度不小于180mm的挡脚板，扣3分 架体外侧未设置密目式安全网封闭或网间连接不严，扣5～10分 作业层脚手板下未采用安全平网兜底或作业层以下每隔10m未采用安全平网封闭，扣5分	10		
8		构配件材质	杆件变形、锈蚀严重，扣10分 门架局部开焊，扣10分 构配件的规格、型号、材质或产品质量不符合规范要求，扣5～10分	10		

44

序号	检查项目		扣分标准	应得分数	扣减分数	实得分数
9	一般项目	荷载	施工荷载超过设计规定，扣10分 荷载堆放不均匀，每处扣5分	10		
10		通道	未设置人员上下专用通道，扣10分 通道设置不符合要求，扣5分	10		
		小计		40		
检查项目合计				100		

4.1 施 工 方 案

4.1.1 标准原文

1. 架体搭设应编制专项施工方案，结构设计应进行计算，并按规定进行审核、审批；

2. 当架体搭设超过规范允许高度时，应组织专家对专项施工方案进行论证。

4.1.2 条文释义

1. 专项施工方案内容应包括：工程概况、编制依据、架体选型、架体构配件要求、架体搭设施工方法（基础处理、杆件间距、连墙件位置、连接方法及有关详图）、架体搭设、拆除安全技术措施、架体基础、连墙件及各受力杆件设计计算等内容。

专项施工方案应经单位技术负责人审核、审批后方可实施。

2. 门式钢管脚手架搭设高度除满足设计计算条件外，不宜超过下表中规定的高度。

门式钢管脚手架搭设高度

序号	搭 设 方 式	施工荷载标准值 ΣQ_k（kN/m²）	搭设高度（m）
1	落地、密目式安全网全封闭	≤3.0	≤55
2		>3.0且≤5.0	≤40
3	悬挑、密目式安全网全封闭	≤3.0	≤24
4		>3.0且≤5.0	≤18

注：表内数据适用于重现期为 10 年、基本风压值 $\omega_0 \leqslant 0.45$kN/m² 的地区，对于 10 年重现期、基本风压值 $\omega_0 > 0.45$kN/m² 的地区应按实际计算确定。

搭设高度超过规范要求的门式钢管脚手架，应根据现场实际工况条件进行专门设计计算，形成的专项施工方案必须经过有关技术专家的论证审核，才可组织实施。

4.2 架 体 基 础

4.2.1 标准原文

1. 立杆基础应按方案要求平整、夯实，并应采取排水措施；
2. 架体底部应设置垫板和立杆底座，并应符合规范要求；
3. 架体扫地杆设置应符合规范要求。

4.2.2 条文释义

1. 门式脚手架根据不同地基土质和搭设条件，立杆底部垫板应符合下表要求：

地基要求表

搭设高度（m）	地基土质		
	中低压缩性且压缩性均匀	回填土	高压缩性或压缩性不均匀
≤24	夯实原土，干重力密度要求 15.5kN/m³。立杆底座置于面积不小于 0.075m² 的垫木上	土夹石或素土夯实，立杆底座置于面积不小于 0.10m² 垫木上	夯实原土，铺设通长垫木

搭设高度 （m）	地基土质		
	中低压缩性且 压缩性均匀	回填土	高压缩性或 压缩性不均匀
>24 且≤40	垫木面积不小于 0.10m² ，其余同上	砂夹石回填夯实， 其余同上	原土夯实，在搭设 地面满铺 C15 混凝土， 厚度不小于 150mm
>40 且≤55	垫木面积不小于 0.15m² 或通长垫 木，其余同上	砂夹石回填夯实， 垫木面积不小于 0.15m² 或通长垫木	原土夯实，在搭设 地面满铺 C15 混凝土， 厚度不小于 200mm

注：垫木厚度不小于 50mm，宽度不小于 200mm；通长垫木的长度不小于 1500mm。

当门式脚手架搭设的基础为永久性建筑结构混凝土基面时，立杆下可不设垫板，但必须保证混凝土结构承载力能满足全高架体及架体上施工荷载的需求。

门式脚手架立杆基础应采取可靠的排水措施，有效防止因雨水囤积导致地基不均匀沉降，进而危及脚手架整体稳定的情况。基础的标高应高于自然地坪 50～100mm。

底部门架立杆下宜设置固定底座或可调底座。可调底座的调节螺杆直径不应小于 35mm，如果螺杆过细，可能导致底座偏心受压、歪斜，不利于架体承受荷载；底座调节螺杆的伸出长度不应大于 200mm。

2. 门架底层下部应设置纵横向扫地杆，纵向扫地杆应固定在距门架底部不大于 200mm 处的立杆上，横向扫地杆宜固定在紧靠纵向扫地杆下方的门架立杆上。扫地杆可以调整和减少门架的不均匀沉降，更好的保证门架底部的刚度和承载能力。

4.3 架 体 稳 定

4.3.1 标准原文

1. 架体与建筑物结构拉结应符合规范要求；

2. 架体剪刀撑斜杆与地面夹角应在 $45°\sim60°$ 之间，应采用旋转扣件与立杆固定，剪刀撑设置应符合规范要求；

3. 门架立杆的垂直偏差应符合规范要求；

4. 交叉支撑的设置应符合规范要求。

4.3.2 条文释义

1. 门式脚手架连墙件的设置除满足规范的计算要求外，还应符合下表的构造要求。

连墙件最大间距或最大覆盖面积

序号	脚手架搭设方式	脚手架高度	连墙件间距（m）		每根连墙件覆盖面积（m²）
			竖向	水平向	
1	落地、密目式安全网封闭	$\leqslant40$	$3h$	$3l$	$\leqslant40$
2			$2h$	$3l$	$\leqslant27$
3		>40			
4	悬挑、密目式安全网封闭	$\leqslant40$	$3h$	$3l$	$\leqslant40$
5		$40\sim60$	$2h$	$3l$	$\leqslant27$
6		>60	$2h$	$2l$	$\leqslant20$

注：1. 序号 4～6 为架体位于地面上高度；

　　2. 按每根连墙件覆盖面积选择连墙件设置时，连墙件的竖向间距不应大于 6m；

　　3. 表中 h 为步距；l 为跨距。

连墙件位置应在专项施工方案中确定，并绘制布设位置简图及细部做法详图，不得在搭设作业中随意设置，严禁在架体使用期间拆除连墙件。

考虑受力合理，连墙件应靠近门架的横杆设置，距门架横杆不宜大于 200mm，并固定在立杆上。

在门架的转角处或开口型门架端部，必须加密设置连墙件，保证连墙件垂直距离不大于建筑物的层高且不大于 4.0m，以确保架体的承载安全。

从连墙件受力合理角度考虑，连墙件宜水平设置。如果条件所限，无法水平设置时，允许采用向架体方向下斜连接，坡度宜小于 1：3。

2. 当门式脚手架搭设高度在 24m 及以下时，在脚手架的转角处、两端及中间间隔不超过 15m 的外侧立面，必须设置一道剪刀撑，并应由底至顶连续设置。当脚手架搭设高度超过 24m 时，在脚手架外侧立面上必须沿长度、高度方向连续设置剪刀撑，以提高门架的整体纵向刚度。

门架剪刀撑斜杆与地面夹角宜为 $45°\sim60°$ 之间，跨越 $4\sim6$ 根立杆（$6\sim10$m），采用旋转扣件与门架立杆进行固定。剪刀撑斜杆接长应采用搭接接长，搭接长度不小于 1m，搭接处采用 3 个及以上的旋转扣件（等间距布置）扣紧。

3. 每步门架立杆的垂直偏差应小于架体步距的 1/500，且不超过 ±3mm，以保证架体立杆的轴向受力稳定。

4. 交叉支撑是保证门架稳定，增强架体刚度的主要配件，每榀门架两侧应设置交叉支撑，并应与门架立杆上的锁销锁牢。

4.4 杆件锁臂

4.4.1 标准原文

1. 架体杆件、锁臂应按规范要求进行组装；
2. 应按规范要求设置纵向水平加固杆；
3. 架体使用的扣件规格应与连接杆件相匹配。

4.4.2 条文释义

1. 门架是由构配件将其组装起来的，但必须注意不同型号门架的杆件、配件是不能混用的。为保证连接棒固定牢靠，规范要求在上下榀门架之间应设置锁臂。当采用的连接棒为插销式或弹销式时，可不再增设锁臂。

2. 水平加固杆是增加架体纵向刚度的重要配件，应在门架两侧的立杆上设置纵向水平加固杆，并用扣件与门架立杆扣紧，在纵向水平加固杆设置层面上应采用连续设置的方式，不得间断。

规范要求在门架顶层、连墙件设置层必须设置纵向水平加固杆。

当脚手架每步铺设挂扣式钢脚手板时，应至少每四步架设置一道纵向水平加固杆，并宜在有连墙件的水平层设置。

当脚手架的搭设高度小于或等于 40m 时，至少每 4 步应设置一道纵向水平加固杆；当脚手架高度大于 40m 时，每步门架应设置一道纵向水平加固杆。

在脚手架转角处、开口型脚手架端部的两个跨距内，每步门架应设置一道纵向水平加固杆。

悬挑脚手架每步门架应设置一道纵向水平加固杆。

3. 门架所使用的扣件规格必须与连接杆件相符，才能保证扣接紧固（由于钢管外径不同，存在 Φ42、Φ48、Φ42/Φ48 三种规格的扣件）。

4.5 脚 手 板

4.5.1 标准原文

1. 脚手板材质、规格应符合规范要求；

2. 脚手板应铺设严密、平整、牢固；

3. 挂扣式钢脚手板的挂扣必须完全挂扣在水平杆上，挂钩应处于锁住状态。

4.5.2 条文释义

1. 挂扣式钢脚手板在使用状态时必须将挂扣完全挂扣在水

平杆上，并将锁扣扣牢，防止在使用中发生脚手板窜动。

2. 本释义的其他内容与"3.5.2"基本相同，不再赘述。

4.6　交底与验收

4.6.1　标准原文

1. 架体搭设前应进行安全技术交底，并应有文字记录；

2. 当架体分段搭设、分段使用时，应进行分段验收；

3. 搭设完毕应办理验收手续，验收应有量化内容并经责任人签字确认。

4.6.2　条文释义

1. 脚手架搭设、拆除作业前，施工负责人应按照专项施工方案及有关规范要求，结合施工现场作业条件和队伍情况，作详细的安全技术交底，交底应形成书面文字记录并由相关责任人签字确认。

2. 依据现行行业标准《建筑施工门式钢管脚手架安全技术规范》JGJ 128 的有关要求，门式脚手架在搭设、使用的下列阶段应进行相应的验收检查，确认符合要求后，才可进行下一步作业或投入使用。

1）搭设前，对架体的地基与基础进行验收；

2）门式脚手架搭设完毕或每搭设 2 个楼层高度时；

3）门式满堂脚手架、模板支架搭设完毕或每搭设 4 步高度时。

3. 架体验收内容应依据专项施工方案及规范要求制定，以数据形式精准的反映检验结果为宜，验收结果应经相关责任人签字确认。

4.7 架体防护

4.7.1 标准原文

1. 作业层应按规范要求设置防护栏杆；

2. 作业层外侧应设置高度不小于 180mm 的挡脚板；

3. 架体外侧应采用密目式安全网进行封闭，网间连接应严密；

4. 架体作业层脚手板下应采用安全平网兜底，以下每隔 10m 应采用安全平网封闭。

4.7.2 条文释义

1. 作业层脚手架应在外立杆的内侧设置防护栏杆，栏杆高度应为 1.2m。

2. 门式脚手架沿架体外围应用密目式安全网封闭，密目式安全网宜设置在脚手架外立杆的内侧，并应与架体绑扎牢固。

3. 门式脚手架作业层的脚手板铺设应牢靠、严密，并应采用安全平网在脚手板底部兜底封闭，起到对作业层的二次防护作用。作业层以下间隔不超过 10m 应用安全平网进行封闭，起到有效防护高处坠落的目的。

4.8 构配件材质

4.8.1 标准原文

1. 门架不应有严重的弯曲、锈蚀和开焊；

2. 门架及构配件的规格、型号、材质应符合规范要求。

4.8.2 条文释义

1. 门架钢管平直度允许偏差不应大于管长的 1/500，不应使用带有硬伤或严重锈蚀的钢管。门架立杆、横杆钢管壁厚的负偏差不应超过 0.2mm。

2. 门架所使用的构配件应为同一型号的配套产品，具体规格应符合规范要求。

4.9 荷 载

4.9.1 标准原文

1. 架体上的施工荷载应符合设计和规范要求；
2. 施工均布荷载、集中荷载应在设计允许范围内。

4.9.2 条文释义

1. 门式脚手架施工荷载包括脚手架作业层上的施工人员、材料及机具的自重，结构用架为 $3kN/m^2$，装饰用架为 $2kN/m^2$。

2. 当门架上同时有 2 个及以上的施工层时，在同一门架跨距内各操作层的施工均布荷载标准值总和不得超过 $5kN/m^2$。

4.10 通 道

4.10.1 标准原文

1. 架体应设置供人员上下的专用通道；
2. 专用通道的设置应符合规范要求。

4.10.2 条文释义

本释义内容与"3.11.2"基本相同，不再赘述。

第5章 碗扣式钢管脚手架

碗扣式钢管脚手架检查评分表

序号	检查项目		扣分标准	应得分数	扣减分数	实得分数
1	保证项目	施工方案	未编制专项施工方案或未进行设计计算，扣10分 专项施工方案未按规定审核、审批，扣10分 架体搭设超过规范允许高度，专项施工方案未组织专家论证，扣10分	10		
2		架体基础	基础不平、不实，不符合专项施工方案要求，扣5～10分 架体底部未设置垫板或垫板的规格不符合要求，扣2～5分 架体底部未按规范要求设置底座，每处扣2分 架体底部未按规范要求设置扫地杆，扣5分 未采取排水措施，扣8分	10		
3		架体稳定	架体与建筑结构未按规范要求拉结，每处扣2分 架体底层第一步水平杆处未按规范要求设置连墙件或未采用其他可靠措施固定，每处扣2分 连墙件未采用刚性杆件，扣10分 未按规范要求设置专用斜杆或八字形斜撑，扣5分 专用斜杆两端未固定在纵、横向水平杆与立杆汇交的碗扣节点处，每处扣2分 专用斜杆或八字形斜撑未沿脚手架高度连续设置或角度不符合要求，扣5分	10		

54

序号	检查项目		扣分标准	应得分数	扣减分数	实得分数
4	保证项目	杆件锁件	立杆间距、水平杆步距超过设计或规范要求,每处扣2分 未按专项施工方案设计的步距在立杆连接碗扣节点处设置纵、横向水平杆,每处扣2分 架体搭设高度超过24 m时,顶部24m以下的连墙件层未按规定设置水平斜杆,扣10分 架体组装不牢或上碗扣紧固不符合要求,每处扣2分	10		
5		脚手板	脚手板未满铺或铺设不牢、不稳,扣5～10分 脚手板规格或材质不符合要求,扣5～10分 采用挂扣式钢脚手板时挂钩未挂扣在横向水平杆上或挂钩未处于锁住状态,每处扣2分	10		
6		交底与验收	架体搭设前未进行交底或交底未有文字记录,扣5～10分 架体分段搭设、分段使用未进行分段验收,扣5分 架体搭设完毕未办理验收手续,扣10分 验收内容未进行量化,或未经责任人签字确认,扣5分	10		
		小计		60		

序号	检查项目		扣分标准	应得分数	扣减分数	实得分数
7	一般项目	架体防护	架体外侧未采用密目式安全网封闭或网间连接不严，扣5～10分 作业层防护栏杆不符合规范要求，扣5分 作业层外侧未设置高度不小于180 mm的挡脚板，扣3分 作业层脚手板下未采用安全平网兜底或作业层以下每隔10m未采用安全平网封闭，扣5分	10		
8		构配件材质	杆件弯曲、变形、锈蚀严重，扣10分 钢管、构配件的规格、型号、材质或产品质量不符合规范要求，扣5～10分	10		
9		荷载	施工荷载超过设计规定，扣10分 荷载堆放不均匀，每处扣5分	10		
10		通道	未设置人员上下专用通道，扣10分 通道设置不符合要求，扣5分	10		
		小计		40		
检查项目合计				100		

5.1 施 工 方 案

5.1.1 标准原文

1. 架体搭设应编制专项施工方案，结构设计应进行计算，并按规定进行审核、审批；

2. 当架体搭设超过规范允许高度时，应组织专家对专项施工方案进行论证。

5.1.2 条文释义

1. 专项施工方案内容应包括：工程概况、编制依据、架体选型、架体构配件要求、架体搭设施工方法（基础处理、杆件间距、连墙件位置、连接方法及有关详图）、架体搭设、拆除安全技术措施、架体基础、连墙件及各受力杆件设计计算等内容。

专项施工方案应经单位技术负责人审核、审批后方可实施。

2. 碗扣式钢管脚手架搭设高度除满足设计计算条件外，不宜超过下表中规定的高度。

双排落地式碗扣脚手架允许搭设高度

步距(m)	横距(m)	纵距(m)	允许搭设高度(m)		
			基本风压值 ω_0 (kN/m²)		
			0.4	0.5	0.6
1.8	0.9	1.2	68	62	52
		1.5	51	43	36
	1.2	1.2	59	53	46
		1.5	41	34	26

注：本表计算风压高度变化系数，系按地面粗糙度 C 类采用，当具体工程的基本风压值和地面粗糙度与此表不相符时，应另行计算。

搭设高度超过规范规定的碗扣式钢管脚手架，应根据现场实际工况条件进行专门设计计算，形成的专项施工方案必须经过有关技术专家的论证审核，才可组织实施。

5.2 架 体 基 础

5.2.1 标准原文

1. 立杆基础应按方案要求平整、夯实，并应采取排水措施，立杆底部设置的垫板和底座应符合规范要求；

2. 架体纵横向扫地杆距立杆底端高度不应大于 350mm。

5.2.2　条文释义

1. 当碗扣式脚手架的搭设基础为自然原状土或回填土层时，必须对基础部分进行平整夯实，对于回填土要求应分层回填、逐层夯实，防止在搭设或使用过程因基础不均匀沉降引发架体变形。

当碗扣式脚手架搭设在土层基础上时，规范要求立杆下应设置可调底座和垫板；如果架体基础高低差较大，可以利用立杆0.6m 节点位差进行调整。

当碗扣式脚手架搭设的基础为永久性建筑结构混凝土基面时，立杆下可不设垫板，但必须保证混凝土结构承载力能满足全高架体及架体上施工荷载的需求。

碗扣式脚手架立杆基础应采取排水沟、集水井、水泵等排水措施，有效控制因雨水囤积导致地基不均匀沉降，进而危及脚手架整体稳定的情况。基础的标高应高于自然地坪 50～100mm。

2. 碗扣式脚手架底层纵、横向横杆作为扫地杆使用，距地面高度应小于或等于 350mm（碗扣架立杆底部节点距杆端250mm），严禁在施工中拆除扫地杆。

5.3　架体稳定

5.3.1　标准原文

1. 架体与建筑结构拉结应符合规范要求，并应从架体底层第一步纵向水平杆处开始设置连墙件，当该处设置有困难时应采取其他可靠措施固定；

2. 架体拉结点应牢固可靠；

3. 连墙件应采用刚性杆件；

4. 架体竖向应沿高度方向连续设置专用斜杆或八字撑；

5. 专用斜杆两端应固定在纵横向水平杆的碗扣节点处；

6. 专用斜杆或八字形斜撑的设置角度应符合规范要求。

5.3.2 条文释义

1. 连墙件应靠近主节点并从第一步水平杆处开始设置，是由于第一步立柱所承受的轴向力最大，是保证脚手架稳定的控制杆件，在该处设置连墙件就等同于给立杆增设了一个支座，这是从构造上保证脚手架立杆局部稳定性的重要措施之一。当脚手架刚刚开始搭设，下部暂不能设置连墙件时，可以采取设置抛撑的方式对架体进行防倾覆加固。

连墙件应设置在有横向横杆的碗扣节点处，当采用钢管扣件做连墙件时，连墙件应与立杆连接，连接点与碗扣节点距离不应大于150mm；连墙件应呈水平设置，当不能水平设置时，与脚手架连接的一端应下斜连接；并保证同一层架体的连墙件应在同一个平面内，水平间距不应大于4.5m。

连墙件应采用可以承受拉、压荷载的刚性杆件，连接应牢固可靠。

2. 碗扣式钢管脚手架应设置专用斜杆或扣件钢管八字撑，用以提高架体纵向刚度，增加架体的承载能力和整体稳定性。

专用斜杆应设置在有纵、横向横杆的碗扣节点；封闭架体的拐角处及一字形架体的端部应设置竖向通高的专用斜杆；高度小于等于24m的架体，每隔5跨设置一组竖向通高专用斜杆；当架体高度大于24m时，每隔3跨应设置一组通高的竖向专用斜杆；专用斜杆应承八字形对称布置。

当采用钢管扣件制作八字斜撑时，斜撑应与每步架的立杆扣接，扣接点距碗扣节点的距离不应大于150mm；当出现不能与立杆扣接时，应与横杆扣接，扣件紧固力矩应在40～65N·m之间；八字撑斜杆应在全高方向设置，且成八字对称布置，斜杆间距不应大于 2 跨，角度以 45°~60°为宜。

5.4 杆件锁件

5.4.1 标准原文

1. 架体立杆间距、水平杆步距应符合设计和规范要求；

2. 应按专项施工方案设计的步距在立杆连接碗扣节点处设置纵、横向水平杆；

3. 当架体搭设高度超过 24 m 时，顶部 24m 以下的连墙件层应设置水平斜杆，并应符合规范要求；

4. 架体组装及碗扣紧固应符合规范要求。

5.4.2 条文释义

1. 碗扣式钢管脚手架的立杆间距、水平杆步距应依据设计计算及规范要求，选用适宜的碗扣节点模数和横杆尺寸来搭设脚手架。

2. 碗扣式钢管脚手架横杆步距应根据方案计算确定，纵横向水平杆应固定在立杆相应高度位置的节点碗扣内。

3. 当架体高度超过 24m 时，应考虑无连墙件立杆对架体承载能力及整体稳定性的影响，在连墙件标高处增加水平斜杆，使纵、横杆与斜杆形成水平桁架，使无连墙件立杆构成支撑点，以保证无连墙件立杆的承载力及稳定。

4. 碗扣架体在组装前，必须保证立杆上的碗扣应能上下串动、转动灵活，不得有卡滞现象，立杆与立杆套接部分的连接孔应能插入 $\Phi 10mm$ 连接销，碗扣节点上应安装 1~4 个横杆时，上碗扣均能锁紧。

5.5 脚 手 板

5.5.1 标准原文

1. 脚手板材质、规格应符合规范要求;

2. 脚手板应铺设严密、平整、牢固;

3. 挂扣式钢脚手板的挂扣必须完全挂扣在水平杆上,挂钩应处于锁住状态。

5.5.2 条文释义

1. 碗扣架使用的工具式钢脚手板必须带有挂钩,并带有自锁装置与廊道横杆锁紧,严禁浮放。

2. 本释义的其他内容与"3.5.2"基本相同,不再赘述。

5.6 交底与验收

5.6.1 标准原文

1. 架体搭设前应进行安全技术交底,并应有文字记录;

2. 架体分段搭设、分段使用时,应进行分段验收;

3. 搭设完毕应办理验收手续,验收应有量化内容并经责任人签字确认。

5.6.2 条文释义

1. 脚手架搭设、拆除作业前,施工负责人应按照专项施工方案及有关规范要求,结合施工现场作业条件和队伍情况,作详细的安全技术交底,交底应形成书面文字记录并由相关责任人签字确认。

2. 依据现行行业标准《建筑施工碗扣式钢管脚手架安全技

术规范》JGJ 166 的有关要求，脚手架在搭设、使用的下列阶段应进行相应的验收检查，确认符合要求后，才可进行下一步作业或投入使用。

1）首段高度达到 6m 时；

2）架体随施工进度升高应按结构层进行检查；

3）架体高度大于 24m 时，在 24m 处或在设计高度 $H/2$ 处及达到设计高度后；

4）遇 6 级及以上大风、大雨、大雪后施工前；

5）停工超过一个月恢复使用前。

3. 架体验收内容应依据专项施工方案及规范要求进行制定，以数据形式精准的反映检验结果为宜，验收结果应经相关责任人签字确认。

5.7 架 体 防 护

5.7.1 标准原文

1. 架体外侧应采用密目式安全网进行封闭，网间连接应严密；

2. 作业层应按规范要求设置防护栏杆；

3. 作业层外侧应设置高度不小于 180mm 的挡脚板；

4. 作业层脚手板下应采用安全平网兜底，以下每隔 10m 应采用安全平网封闭。

5.7.2 条文释义

1. 碗扣脚手架外侧应采用密目式安全网进行封闭，密目式安全网宜设置在脚手架外立杆的内侧，并应与架体绑扎牢固，不得留有任何空隙。

2. 作业层脚手架应在外立杆 0.6m 和 1.2m 的碗扣节点上设置两道防护栏杆。

3. 作业层脚手架应在外立杆内侧设置高度不低于 180mm 的挡脚板，防止作业人员坠落和脚手板上物料滚落。

4. 碗扣脚手架作业层的脚手板铺设应牢靠、严密，并应采用安全平网在脚手板底部兜底封闭，起到对作业层的二次防护作用。作业层以下间隔不超过 10m 应用安全平网进行封闭，起到有效防护高处坠落的目的。

5.8 构配件材质

5.8.1 标准原文

1. 架体构配件的规格、型号、材质应符合规范要求；

2. 钢管不应有严重的弯曲、变形、锈蚀。

5.8.2 条文释义

1. 碗扣式钢管脚手架用钢管应采用 Q235A 级普通钢管，规格为 $\Phi 48mm \times 3.5mm$，上碗扣、可调底座及可调托撑螺母应采用可锻铸钢制造，下碗扣、横杆接头、斜杆接头应采用碳素铸钢制造，各部件应符合相关国家标准。

2. 碗扣脚手架构配件生产厂标识应清晰可见，钢管应平直光滑、无裂纹、无锈蚀、无分层、无结巴、无毛刺，铸造件表面应光整，不得有沙眼、缩孔、裂纹、浇冒口残余等缺陷，冲压件不得有毛刺、裂纹、氧化皮等缺陷。

5.9 荷 载

5.9.1 标准原文

1. 架体上的施工荷载应符合设计和规范要求；

2. 施工均布荷载、集中荷载应在设计允许范围内。

5.9.2 条文释义

1. 脚手架施工荷载为：结构用架 $3kN/m^2$，装饰用架 $2kN/m^2$。

2. 在施工中，碗扣式脚手架承受的集中、均布荷载均应在方案设计及规范允许的范围之内；双排脚手架作业层不宜超过 2 层，严禁超载使用。

5.10 通 道

5.10.1 标准原文

1. 架体应设置供人员上下的专用通道；
2. 专用通道的设置应符合规范要求。

5.10.2 条文释义

本释义内容与"3.11.2"基本相同，不再赘述。

第6章 承插型盘扣式钢管脚手架

承插型盘扣式钢管脚手架检查评分表

序号	检查项目		扣分标准	应得分数	扣减分数	实得分数
1	保证项目	施工方案	未编制专项施工方案或未进行设计计算，扣10分 专项施工方案未按规定审核、审批，扣10分	10		
2		架体基础	架体基础不平、不实、不符合专项施工方案要求，扣5~10分 架体立杆底部缺少垫板或垫板的规格不符合规范要求，每处扣2分 架体立杆底部未按要求设置底座，每处扣2分 未按规范要求设置纵、横向扫地杆，扣5~10分 未采取排水措施，扣8分	10		
3		架体稳定	架体与建筑结构未按规范要求拉结，每处扣2分 架体底层第一步水平杆处未按规范要求设置连墙件或未采用其他可靠措施固定，每处扣2分 连墙件未采用刚性杆件，扣10分 未按规范要求设置竖向斜杆或剪刀撑，扣5分 竖向斜杆两端未固定在纵、横向水平杆与立杆汇交的盘扣节点处，每处扣2分 斜杆或剪刀撑未沿脚手架高度连续设置或角度不符合规范的要求，扣5分	10		

序号	检查项目		扣分标准	应得分数	扣减分数	实得分数
4	保证项目	杆件设置	架体立杆间距、水平杆步距超过设计或规范要求，每处扣2分 未按专项施工方案设计的步距在立杆连接盘处设置纵、横向水平杆，每处扣2分 双排脚手架的每步水平杆层，当无挂扣钢脚手板时未按规范要求设置水平斜杆，扣5~10分	10		
5		脚手板	脚手板不满铺或铺设不牢、不稳，扣5~10分 脚手板规格或材质不符合要求，扣5~10分 采用挂扣式钢脚手板时挂钩未挂扣在水平杆上或挂钩未处于锁住状态，每处扣2分	10		
6		交底与验收	架体搭设前未进行交底或交底未有文字记录，扣5~10分 架体分段搭设、分段使用未进行分段验收，扣5分 架体搭设完毕未办理验收手续，扣10分 验收内容未进行量化，或未经责任人签字确认，扣5分	10		
		小计		60		

序号	检查项目		扣分标准	应得分数	扣减分数	实得分数
7	一般项目	架体防护	架体外侧未采用密目式安全网封闭或网间连接不严，扣5~10分 作业层防护栏杆不符合规范要求，扣5分 作业层外侧未设置高度不小于180mm的挡脚板，扣3分 作业层脚手板下未采用安全平网兜底或作业层以下每隔10m未采用安全平网封闭，扣5分	10		
8		杆件连接	立杆竖向接长位置不符合要求，每处扣2分 剪刀撑的斜杆接长不符合要求，扣8分	10		
9		构配件材质	钢管、构配件的规格、型号、材质或产品质量不符合规范要求，扣5分 钢管弯曲、变形、锈蚀严重，扣10分	10		
10		通道	未设置人员上下专用通道，扣10分 通道设置不符合要求，扣5分	10		
		小计		40		
检查项目合计				100		

6.1 施 工 方 案

6.1.1 标准原文

1. 架体搭设应编制专项施工方案，结构设计应进行计算；
2. 专项施工方案应按规定进行审核、审批。

6.1.2 条文释义

1. 专项施工方案内容应包括：工程概况、编制依据、架体选型、架体构配件要求、架体搭设施工方法（基础处理、杆件间距、连墙件位置、连接方法及有关详图）、架体搭设、拆除安全技术措施、架体基础、连墙件及各受力杆件设计计算等内容。

专项施工方案应经单位技术负责人审核、审批后方可实施。

2. 搭设高度超过规范要求的脚手架必须采取加强措施，其专项施工方案必须经过专家论证。

6.2 架体基础

6.2.1 标准原文

1. 立杆基础应按方案要求平整、夯实，并应采取排水措施；

2. 土层地基上立杆底部必须设置垫板和可调底座，并应符合规范要求；

3. 架体纵、横向扫地杆设置应符合规范要求。

6.2.2 条文释义

1. 当承插型盘扣式钢管脚手架的搭设基础为自然原状土或回填土层时，必须对基础部分进行平整夯实，对于回填土要求应分层回填、逐层夯实，防止在搭设或使用过程因基础不均匀沉降引发架体变形。

承插型盘扣式脚手架立杆基础应采取排水沟、集水井、水泵等排水措施，有效控制因雨水囤积导致地基不均匀沉降，进而危及脚手架整体稳定的情况。基础的标高应高于自然地坪 50～100mm。

2. 当承插型盘扣式钢管脚手架搭设在土层基础上时，规范要求立杆下应设置可调底座和垫板，垫板长度不宜少于 2 跨；如果架体基础高低差较大，可以利用立杆 0.5m 节点位差配合可调节座进行调整。

当承插型盘扣式脚手架搭设的基础为永久性建筑结构混凝土基面时，立杆下可不设垫板，但必须保证混凝土结构承载力能满足全高架体及架体上施工荷载的需求。

3. 承插型盘扣式钢管脚手架底层水平杆作为扫地杆使用，距地面高度应小于或等于550mm，严禁在施工中拆除扫地杆。

6.3 架体稳定

6.3.1 标准原文

1. 架体与建筑结构拉结应符合规范要求，并应从架体底层第一步水平杆处开始设置连墙件，当该处设置有困难时应采取其他可靠措施固定；

2. 架体拉结点应牢固可靠；

3. 连墙件应采用刚性杆件；

4. 架体竖向斜杆、剪刀撑的设置应符合规范要求；

5. 竖向斜杆的两端应固定在纵、横向水平杆与立杆汇交的盘扣节点处；

6. 斜杆及剪刀撑应沿脚手架高度连续设置，角度应符合规范要求。

6.3.2 条文释义

1. 连墙件应靠近主节点并从第一步水平杆处开始设置，是由于第一步立柱所承受的轴向力最大，是保证脚手架稳定的控制杆件，在该处设置连墙件就等同于给立杆增设了一个支座，这是从构造上保证脚手架立杆局部稳定性的重要措施之一。当脚手架下部暂不能搭设连墙件时，宜外扩搭设多排脚手架并设置斜杆形成外侧斜面状附加梯形架，待上部连墙件搭设后，方可拆除附加梯形架。

连墙件应设置在水平杆的盘扣节点旁，连接点至盘扣节点距离不应大于 300mm；采用钢管扣件作为连墙杆时，连墙杆应采用直角扣件与立杆连接。

连墙件必须采用可承受拉压荷载的刚性杆件，连墙件与脚手架立面及墙体应保持垂直，同一层连墙件宜在同一平面，水平间距不应大于 3 跨，与主体结构外侧面距离不宜大于 300mm。

2. 承插型盘扣式钢管脚手架搭设的双排脚手架，外侧应设置专用竖向斜杆或剪刀撑对架体进行整体加强。规范要求架体外侧纵向每 5 跨每层应设置一根竖向斜杆或每 5 跨间设置扣件钢管绑扎的剪刀撑，端跨的横向每层应设置竖向斜杆。

竖向斜杆的两端应固定在纵、横向水平杆与立杆汇交的盘扣节点处。

竖向斜杆或剪刀撑均应沿脚手架高度方向连续设置，剪刀撑跨度为 5 跨（6 根立杆），角度以 45°～60°为宜。

6.4 杆 件 设 置

6.4.1 标准原文

1. 架体立杆间距、水平杆步距应符合设计和规范要求；

2. 应按专项施工方案设计的步距在立杆连接插盘处设置纵、横向水平杆；

3. 当双排脚手架的水平杆层未设挂扣式钢脚手板时，应按规范要求设置水平斜杆。

6.4.2 条文释义

1. 承插型盘扣式钢管脚手架的立杆间距、水平杆步距应依据设计计算及规范要求，选用适宜的盘扣节点模数和水平杆尺寸来搭设脚手架。

2. 承插型盘扣式钢管脚手架水平杆步距应根据方案计算确

定，纵横向水平杆应固定在立杆相应高度位置的节点盘扣内。

3. 对双排脚手架的每步水平层，当无挂扣式钢脚手板加强水平层刚度时，应每 5 跨设置水平斜杆。

6.5 脚 手 板

6.5.1 标准原文

1）脚手板材质、规格应符合规范要求；

2）脚手板应铺设严密、平整、牢固；

3）挂扣式钢脚手板的挂扣必须完全挂扣在水平杆上，挂钩应处于锁住状态。

6.5.2 条文释义

1. 使用专用工具式钢脚手板必须带有挂钩，并带有自锁装置与水平杆锁紧，严禁浮放。

2. 本释义的其他内容与"3.5.2"基本相同，不再赘述。

6.6 交底与验收

6.6.1 标准原文

1. 架体搭设前应进行安全技术交底，并应有文字记录；

2. 架体分段搭设、分段使用时，应进行分段验收；

3. 搭设完毕应办理验收手续，验收应有量化内容并经责任人签字确认。

6.6.2 条文释义

1. 脚手架搭设、拆除作业前，施工负责人应按照专项施工方案及有关规范要求，结合施工现场作业条件和队伍情况，作详细的安全技术交底，交底应形成书面文字记录并由相关责任人签字确认。

2. 依据现行行业标准《建筑施工承插型盘扣式钢管支架安全技术规程》JGJ 231 的有关要求，脚手架在搭设、使用的下列阶段应进行相应的验收检查，确认符合要求后，才可进行下一步作业或投入使用。

1）基础完工后及脚手架搭设前；

2）首段高度达到 6m 时；

3）架体随施工进度逐层升高时；

4）搭设高度达到设计高度后。

3. 架体验收内容应依据专项施工方案及规范要求进行制定，以数据形式精准的反映检验结果为宜，验收结果应经相关责任人签字确认。

6.7 架体防护

6.7.1 标准原文

1. 架体外侧应采用密目式安全网进行封闭，网间连接应严密；

2. 作业层应按规范要求设置防护栏杆；

3. 作业层外侧应设置高度不小于 180mm 的挡脚板；

4. 作业层脚手板下应采用安全平网兜底，以下每隔 10m 应采用安全平网封闭。

6.7.2 条文释义

1. 承插型盘扣式钢管脚手架外侧应采用密目式安全网进行封闭，密目式安全网宜设置在脚手架外立杆的内侧，并应与架体绑扎牢固，不得留有任何空隙。

2. 作业层脚手架应在外立杆 0.5m 和 1.0m 的盘扣节点上设

置两道防护栏杆。

3.作业层脚手架应在外立杆内侧设置高度不低于180mm的挡脚板,防止作业人员坠落和脚手板上物料滚落。

4.脚手架作业层的脚手板铺设应牢靠、严密,并应采用安全平网在脚手板底部进行兜底封闭,起到对作业层的二次防护作用。作业层以下间隔不超过10m应用安全平网进行封闭,起到有效防护高处坠落的目的。当脚手架作业层与主体结构外侧面间间隙较大时,应设置挂扣在连接盘上的悬挑三脚架,并应铺放脚手板使脚手架内侧进行封闭。

6.8 杆件连接

6.8.1 标准原文

1.立杆的接长位置应符合规范要求;
2.剪刀撑的接长应符合规范要求。

6.8.2 条文释义

1.脚手架首层立杆宜采用不同长度的立杆交错布置,错开立杆竖向距离不应小于500mm。

2.剪刀撑斜杆的接长应采用搭接形式,搭接长度不应小于1m,并采用不少于3个旋转扣件固定。端部扣件盖板的边缘至杆端距离不应小于100mm。

6.9 构配件材质

6.9.1 标准原文

1.架体构配件的规格、型号、材质应符合规范要求;

2. 钢管不应有严重的弯曲、变形、锈蚀。

6.9.2 条文释义

1. 承插型盘扣式钢管脚手架的构配件除有特殊要求外，其材质应符合现行国家标准《低合金高强度结构钢》GB/T 1591、《碳素结构钢》GB/T 700 及《一般工程用铸造碳钢件》GB/T 11352 的规定。各类构配件的材质应符合下表规定：

承插型盘扣式钢管支架主要构配件材质

立杆	水平杆	竖向斜杆	水平斜杆	扣接接头	立杆连接套管	可调底座、可调托撑	可调螺杆	连接插盘、插销
Q235A	Q235A	Q195	Q235B	ZG230-450	ZG230-450 或 20 号无缝钢管	Q235B	ZG270-500	ZG230-450 或 Q235B

2. 承插型盘扣式脚手架主要构配件上的生产厂标识应清晰可辨，钢管应无裂纹、凹陷、锈蚀，不得采用对接焊接钢管，钢管应平直，直线度允许偏差应为管长的 1/500，两端面应平整，不得有斜口、毛刺；铸件表面应光滑，不得有砂眼、缩孔、裂纹、浇冒口残余等缺陷；冲压件不得有毛刺、裂纹、氧化皮等缺陷；各焊缝应饱满，不得有未焊透、夹渣、咬肉、裂纹等缺陷；可调底座和可调托撑表面涂层应均匀牢固；架体杆件及配件表面镀锌层应光滑，连接处不应有毛刺、滴瘤和结块。

6.10 通 道

6.10.1 标准原文

1. 架体应设置供人员上下的专用通道；
2. 专用通道的设置应符合规范要求。

6.10.2 条文释义

1. 当使用专用挂扣式钢梯时，钢梯宜设置在尺寸不小于0.9m×1.8m的脚手架框架内，钢梯宽度应为廊道宽度的1/2，钢梯可在一个框架高度内折线上升；钢梯拐弯处应设置钢脚手板及扶手。

2. 本释义的其他内容与"3.11.2"基本相同，不再赘述。

第7章　满堂脚手架

满堂脚手架检查评分表

序号	检查项目		扣分标准	应得分数	扣减分数	实得分数
1		施工方案	未编制专项施工方案或未进行设计计算，扣10分 专项施工方案未按规定审核、审批，扣10分	10		
2	保证项目	架体基础	架体基础不平、不实、不符合专项施工方案要求，扣5~10分 架体底部未设置垫板或垫板的规格不符合规范要求，每处扣2~5分 架体底部未按规范要求设置底座，每处扣2分 架体底部未按规范要求设置扫地杆，扣5分 未采取排水措施，扣8分	10		
3		架体稳定	架体四周与中间未按规范要求设置竖向剪刀撑或专用斜杆，扣10分 未按规范要求设置水平剪刀撑或专用水平斜杆，扣10分 架体高宽比超过规范要求时未采取与结构拉结或其他可靠的稳定措施，扣10分	10		
4		杆件锁件	架体立杆间距、水平杆步距超过设计和规范要求每处扣2分 杆件接长不符合要求，每处扣2分 架体搭设不牢或杆件结点紧固不符合要求，每处扣2分	10		

序号	检查项目		扣分标准	应得分数	扣减分数	实得分数
5	保证项目	脚手板	脚手板不满铺或铺设不牢、不稳，扣5～10分 脚手板规格或材质不符合要求，扣5～10分 采用挂扣式钢脚手板时挂钩未挂扣在水平杆上或挂钩未处于锁住状态，每处扣2分	10		
6		交底与验收	架体搭设前未进行交底或交底未有文字记录，扣5～10分 架体分段搭设、分段使用未进行分段验收，扣5分 架体搭设完毕未办理验收手续，扣10分 验收内容未进行量化，或未经责任人签字确认，扣5分	10		
		小计		60		
7	一般项目	架体防护	作业层防护栏杆不符合规范要求，扣5分 作业层外侧未设置高度不小于180mm挡脚板，扣3分 作业层脚手板下未采用安全平网兜底或作业层以下每隔10m未采用安全平网封闭，扣5分	10		
8		构配件材质	钢管、构配件的规格、型号、材质或产品质量不符合规范要求，扣5～10分 杆件弯曲、变形、锈蚀严重，扣10分	10		
9		荷载	架体的施工荷载超过设计和规范要求，扣10分 荷载堆放不均匀，每处扣5分	10		
10		通道	未设置人员上下专用通道，扣10分 通道设置不符合要求，扣5分	10		
		小计		40		
检查项目合计				100		

7.1 施 工 方 案

7.1.1 标准原文

1. 架体搭设应编制专项施工方案，结构设计应进行计算；
2. 专项施工方案应按规定进行审核、审批。

7.1.2 条文释义

本释义内容与"3.1.2"基本相同，不再赘述。

7.2 架 体 基 础

7.2.1 标准原文

1. 架体基础应按方案要求平整、夯实，并应采取排水措施；
2. 架体底部应按规范要求设置垫板和底座，垫板规格应符合规范要求；
3. 架体扫地杆设置应符合规范要求。

7.2.2 条文释义

1. 使用钢管扣件搭设满堂脚手架时，扫地杆应采用直角扣件固定在距钢管底端不大于 200mm 处的立杆上。

使用门架搭设满堂脚手架时，底层门架立杆下部应设置扫地杆，扫地杆应固定在距门架底部不大于 200mm 处的立杆上。

使用碗扣架搭设满堂脚手架时，底层纵、横向横杆作为扫地杆使用，距地面高度应小于或等于 350mm。

使用承插型盘扣式钢管脚手架搭设满堂脚手架时，底层水平杆作为扫地杆使用，距地面高度应小于或等于 550mm。

2. 本条释义其他内容与"3.2.2"基本相同，不再赘述。

7.3 架体稳定

7.3.1 标准原文

1. 架体四周与中部应按规范要求设置竖向剪刀撑或专用斜杆；

2. 架体应按规范要求设置水平剪刀撑或水平斜杆；

3. 当架体高宽比大于规范规定时，应按规范要求与建筑结构拉结或采取增加架体宽度、设置钢丝绳张拉固定等稳定措施。

7.3.2 条文释义

1. 使用钢管扣件搭设满堂脚手架时，架体四周及内部纵横向每 6m 至 8m 由底至顶连续设置竖向剪刀撑。搭设高度在 8m 以下，应在架体顶部设置连续水平剪刀撑；当架体高度在 8m 及以上时，应在架体底部、顶部及竖向间隔不超过 8m 分别设置连续水平剪刀撑。水平剪刀撑宜设置在竖向剪刀撑斜杆相交平面内。

2. 使用门架搭设满堂脚手架时，如果搭设高度在 12m 以下，应在脚手架的周边连续设置竖向剪刀撑，在脚手架内部纵横向间隔不超过 8m 应设置一道竖向剪刀撑，并在架体顶层设置连续水平剪刀撑；当搭设高度超过 12m 时，在脚手架周边和内部纵向、横向间隔不超过 8m 应设置连续竖向剪刀撑，并在架体顶层和竖向每隔 4 步设置连续的水平剪刀撑。

3. 使用钢管扣件搭设满堂脚手架时，架体高宽比不宜大于 3，当高宽比大于 2 时，应在脚手架外侧四周和内部水平间隔 6~9m、竖向间隔 4~6m 设置连墙件与建筑结构拉结，当无法设置连墙件时，应采取设置钢丝绳张拉固定等措施。

4. 使用门架搭设满堂脚手架时，如果架体高宽比大于 2，应在架体端部及外侧周边按照水平间距不宜超过 10m，竖向间距不宜大于 4 步的要求设置连墙件。

7.4 杆 件 锁 件

7.4.1 标准原文

1. 架体立杆件间距，水平杆步距应符合设计和规范要求；
2. 杆件的接长应符合规范要求；
3. 架体搭设应牢固，杆件节点应按规范要求进行紧固。

7.4.2 条文释义

1. 满堂脚手架的立杆间距、水平杆步距应按专项施工方案中设计计算结果取用，并应符合相应规范的构造要求。满堂脚手架各类杆件的接长应符合相应脚手架规范的要求。

2. 满堂脚手架在搭设组装过程中，应按照相应规范要求进行紧固，确保杆件连接紧密，可靠传递荷载。

7.5 脚 手 板

7.5.1 标准原文

1. 作业层脚手板应满铺，铺稳、铺牢；
2. 脚手板的材质、规格应符合规范要求；
3. 挂扣式钢脚手板的挂扣应完全挂扣在水平杆上，挂钩处应处于锁住状态。

7.5.2 条文释义

1. 使用专用工具式钢脚手板必须带有挂钩，并带有自锁装置与横杆锁紧，严禁浮放。
2. 本释义的其他内容与"3.5.2"基本相同，不再赘述。

7.6 交底与验收

7.6.1 标准原文

1. 架体搭设前应进行安全技术交底，并应有文字记录；
2. 架体分段搭设、分段使用时，应进行分段验收；
3. 搭设完毕应办理验收手续，验收应有量化内容并经责任人签字确认。

7.6.2 条文释义

本释义内容与"3.6.2"基本相同，不再赘述。

7.7 架 体 防 护

7.7.1 标准原文

1. 作业层应按规范要求设置防护栏杆；
2. 作业层外侧应设置高度不小于180mm的挡脚板；
3. 作业层脚手板下应采用安全平网兜底，以下每隔10m应采用安全平网封闭。

7.7.2 条文释义

本条释义内容与"4.7.2"基本相同，不再赘述。

7.8 构 配 件 材 质

7.8.1 标准原文

1. 架体构配件的规格、型号、材质应符合规范要求；

2. 杆件的弯曲、变形和锈蚀应在规范允许范围内。

7.8.2 条文释义

本条释义内容与"3.10.2"基本相同，不再赘述。

7.9 荷 载

7.9.1 标准原文

1. 架体上的施工荷载应符合设计和规范要求；
2. 施工均布荷载、集中荷载应在设计允许范围内。

7.9.2 条文释义

满堂脚手架上的施工荷载不应超过方案设计的最大允许值，架体上的各类荷载应均匀布设，严禁物料集中堆放。

7.10 通 道

7.10.1 标准原文

1. 架体应设置供人员上下的专用通道；
2. 专用通道的设置应符合规范要求。

7.10.2 条文释义

本条释义内容与"3.11.2"基本相同，不再赘述。

第8章 悬挑式脚手架

悬挑式脚手架检查评分表

序号	检查项目		扣分标准	应得分数	扣减分数	实得分数
1	保证项目	施工方案	未编制专项施工方案或未进行设计计算，扣10分 专项施工方案未按规定审核、审批，扣10分 架体搭设超过规范允许高度，专项施工方案未按规定组织专家论证，扣10分	10		
2		悬挑钢梁	钢梁截面高度未按设计确定或截面形式不符合设计和规范要求，扣10分 钢梁固定段长度小于悬挑段长度的1.25倍，扣5分 钢梁外端未设置钢丝绳或钢拉杆与上一层建筑结构拉结，每处扣2分 钢梁与建筑结构锚固措施不符合设计和规范要求，每处扣5分 钢梁间距未按悬挑架体立杆纵距设置，扣5分	10		
3		架体稳定	立杆底部与悬挑钢梁连接处未采取可靠固定措施，每处扣2分 承插式立杆接长未采取螺栓或销钉固定，每处扣2分 纵横向扫地杆的设置不符合规范要求，扣5～10分 未在架体外侧设置连续式剪刀撑，扣10分 未按规定设置横向斜撑，扣5分 架体未按规定与建筑结构拉结，每处扣5分	10		

序号	检查项目		扣分标准	应得分数	扣减分数	实得分数
4	保证项目	脚手板	脚手板规格、材质不符合要求，扣5~10分 脚手板未满铺或铺设不严、不牢、不稳，扣5~10分 每处探头板，扣2分	10		
5		荷载	脚手架施工荷载超过设计规定，扣10分 施工荷载堆放不均匀，每处扣5分	10		
6		交底与验收	架体搭设前未进行交底或交底未有文字记录，扣5~10分 架体分段搭设、分段使用未进行分段验收，扣6分 架体搭设完毕未办理验收手续，扣10分 验收内容未进行量化，或未经责任人签字确认，扣5分	10		
		小计		60		
7	一般项目	杆件间距	立杆间距、纵向水平杆步距超过设计或规范要求，每处扣2分 未在立杆与纵向水平杆交点处设置横向水平杆，每处扣2分 未按脚手板铺设的需要增加设置横向水平杆，每处扣2分	10		
8		架体防护	作业层防护栏杆不符合规范要求，扣5分 作业层架体外侧未设置高度不小于180mm的挡脚板，扣3分 架体外侧未采用密目式安全网封闭或网间不严，扣5~10分	10		

序号	检查项目		扣分标准	应得分数	扣减分数	实得分数
9	一般项目	层间防护	作业层脚手板下未采用安全平网兜底或作业层以下每隔 10m 未采用安全平网封闭，扣 5 分 作业层与建筑物之间未进行封闭，扣 5 分 架体底层沿建筑结构边缘，悬挑钢梁与悬挑钢梁之间未采取封闭措施或封闭不严，扣 2~8 分 架体底层未进行封闭或封闭不严，扣 10 分	10		
10		构配件材质	型钢、钢管、构配件规格及材质不符合规范要求，扣 5~10 分 型钢、钢管、构配件弯曲、变形、锈蚀严重，扣 10 分	10		
	小计			40		
检查项目合计				100		

8.1 施工方案

8.1.1 标准原文

1. 架体搭设应编制专项施工方案，结构设计应进行计算；
2. 架体搭设超过规范允许高度，专项施工方案应按规定组织专家论证；
3. 专项施工方案应按规定进行审核、审批。

8.1.2 条文释义

1. 搭设悬挑式脚手架应编制专项施工方案，方案内容应包括：工程概况、编制依据、架体选型、架体构配件要求、架体搭设施工方法（型钢锚固、杆件间距、连墙件位置、连接方法及有关详图）、架体搭设、拆除安全技术措施、型钢挑梁、连墙件及各受力杆件设计计算等内容。

2. 悬挑高度超过 20m 的悬挑式脚手架应根据现场实际工况条件进行专门设计计算，形成的专项施工方案必须经过有关技术专家的论证审核，方案依照论证结果整改合格后，方可组织实施。

3. 搭设悬挑式脚手架编制的专项施工方案应经单位技术负责人审核、审批后方可实施。

8.2 悬 挑 钢 梁

8.2.1 标准原文

1. 钢梁截面尺寸应经设计计算确定，且截面型式应符合设计和规范要求；

2. 钢梁锚固端长度不应小于悬挑长度的 1.25 倍；

3. 钢梁锚固处结构强度、锚固措施应符合设计和规范要求；

4. 钢梁外端应设置钢丝绳或钢拉杆与上层建筑结构拉结；

5. 钢梁间距应按悬挑架体立杆纵距设置。

8.2.2 条文释义

1. 型钢悬挑梁宜采用双轴对称截面的型钢（规范推荐使用工字钢，其结构性能可靠，受力稳定性好，设计施工方便）。悬挑钢梁的型号尺寸及锚固件应由设计计算确定，若选用工字钢，其截面高度不应小于 160mm。

2. 悬挑钢梁悬挑长度应按设计计算确定，固定段长度不宜小于悬挑段长度的 1.25 倍。固定端长度不足，将增大锚固处的受力，同时对锚固强度、楼板厚度要求更高。一般情况下悬挑钢梁悬挑长度不超过 2m 就能满足施工需求，但在工程结构局部有可能满足不了使用要求，局部悬挑长度不宜超过 3m，超过 3m 以上的大悬挑及加固措施应另行设计计算及论证。

3. 锚固型钢悬挑梁的 U 形钢筋拉环或锚固螺栓直径不宜小于 16mm，U 形钢筋拉环或螺栓应采用冷弯成型，拉环、螺栓与型钢间的空隙应使用硬木楔楔紧。

U 形钢筋拉环或锚固螺栓应预埋至混凝土梁、板底层钢筋位置，并应与底层钢筋焊接或绑扎牢固，其锚固及焊缝长度应符合国家有关标准的要求。

当型钢挑梁与建筑结构采用螺栓钢压板连接固定时，钢压板尺寸不应小于 100mm×100mm×10mm。当采用螺栓角钢板连接固定时，角钢的规格不应小于 63mm×63mm×6mm。

型钢挑梁固定在楼板上时，楼板的厚度不宜小于 120mm。如果厚度小于 120mm，楼板自身承载能力及固定型钢挑梁的 U 形螺栓与楼板间的握裹力不足，必须采取相应的加固措施，加强楼板局部的钢筋配置或增加钢梁锚固端长度等。锚固型钢时，主体结构混凝土强度等级不得低于 C20。

4. 每个型钢悬挑梁外端应设置钢丝绳或钢拉杆与上层建筑结构斜拉结，钢丝绳或钢拉杆的水平夹角不应小于 45°。钢丝绳或钢拉杆不参与悬挑钢梁的受力计算，作为调整钢梁下挠变形及钢梁强度安全储备，作用非常重要。

钢丝绳与建筑结构拉结的预埋吊环应采用 HPB235 级钢筋制作，直径不宜小于 20mm，预埋长度应符合有关国家标准的具体要求。

斜拉钢丝绳直径不得小于 14mm，绳端固定使用的绳卡数量不得少于 3 个，且绳卡的鞍部均位于长绳一侧，不得交错布置。

5. 悬挑钢梁间距应按悬挑脚手架架体立杆纵距设置，确保每一纵距设置一根悬挑钢梁。

8.3 架体稳定

8.3.1 标准原文

1. 立杆底部应与钢梁连接柱固定；

2. 承插式立杆接长应采用螺栓或销钉固定；

3. 纵横向扫地杆的设置应符合规范要求；

4. 剪刀撑应沿悬挑架体高度连续设置，角度应为 45°～60°；

5. 架体应按规定设置横向斜撑；

6. 架体应采用刚性连墙件与建筑结构拉结，设置的位置、数量应符合设计和规范要求。

8.3.2 条文释义

1. 悬挑架体立杆的底部应防止在悬挑钢梁的定位点上。定位点可以采用竖直焊接长度 0.2m、直径 25～30mm 的钢筋或短管制作，用以固定立杆的位置，防止架体窜动、滑移。

2. 如果搭设悬挑架体使用的是碗扣架、承插型盘扣脚手架，其立杆在套接接长时，必须将套接部分的销钉或螺栓固定，防止悬挑架体在使用中受荷载影响在上下震动中发生立杆的拔脱。

3. 悬挑脚手架立杆底部的扫地杆设置应符合相应架体规范的要求，并应规范允许范围内适当程度的降低扫地杆高度，以便于底层架体的铺板防护。

4. 悬挑脚手架外立面应沿架体高度和宽度方向连续设置竖向剪刀撑，设置角度以 45°～60°为宜，贯穿主节点部位，不得间断。

5. 对于开口型悬挑脚手架，其架体两端必须设置通高的横向斜撑。

6. 连墙件位置应在专项施工方案中确定，并绘制布设位置简图及细部做法详图，不得在搭设作业中随意设置，严禁在架体使用期间拆除连墙件。

连墙件应靠近主节点并从第一步纵向水平杆处开始设置，是由于第一步立柱所承受的轴向力最大，在该处设置连墙件就等同于给立杆增设了一个支座，这是从构造上保证脚手架立杆局部稳定性的重要措施之一。

8.4 脚 手 板

8.4.1 标准原文

1. 脚手板材质、规格应符合规范要求；

2. 脚手板铺设应严密、牢固，探出横向水平杆长度不应大于 150mm。

8.4.2 条文释义

本释义内容与"3.5.2"基本相同，不再赘述。

8.5 荷 载

8.5.1 标准原文

架体上施工荷载应均匀，并不应超过设计和规范要求。

8.5.2 条文释义

本释义内容与"7.9.2"基本相同，不再赘述。

8.6 交底与验收

8.6.1 标准原文

1. 架体搭设前应进行安全技术交底，并应有文字记录；

2. 架体分段搭设、分段使用时，应进行分段验收；

3. 搭设完毕应办理验收手续，验收应有量化内容并经责任人签字确认。

8.6.2 条文释义

1. 脚手架搭设、拆除作业前，施工负责人应按照专项施工方案及有关规范要求，结合施工现场作业条件和队伍情况，作详细的安全技术交底，交底应形成书面文字记录并由相关责任人签字确认。

2. 依据现行行业标准《建筑施工扣件式钢管脚手架安全技术规范》JGJ 130 等相关规范的要求，脚手架在搭设、使用的下列阶段应进行相应的验收检查，确认符合要求后，才可进行下一步作业或投入使用。

1）基础完工后及脚手架搭设前；

2）作业层上施加荷载前；

3）每搭设完 6～8m 高度后；

4）达到设计高度后；

5）遇有六级强风及以上风或大雨后，冻结地区解冻后；

6）停用超过一个月。

3. 架体验收内容应依据专项施工方案及规范要求进行制定，以数据形式精准的反映检验结果为宜，验收结果应经相关责任人签字确认。

8.7 杆件间距

8.7.1 标准原文

1. 立杆纵、横向间距、纵向水平杆步距应符合设计和规范要求；

2. 作业层应按脚手板铺设的需要增加横向水平杆。

8.7.2 条文释义

1. 悬挑脚手架立杆纵、横向间距、纵向水平杆步距应符合方案设计和相关规范要求。

2. 作业层上非主节点部位增设横向水平杆，宜根据支承脚手板的需要等间距设置，保证最大间距不应大于立杆纵距的1/2。

8.8 架 体 防 护

8.8.1 标准原文

1. 作业层应按规范要求设置防护栏杆；
2. 作业层外侧应设置高度不小于 180mm 的挡脚板；
3. 架体外侧应采用密目式安全网封闭，网间连接应严密。

8.8.2 条文释义

本释义内容与"4.7.2"基本相同，不再赘述。

8.9 层 间 防 护

8.9.1 标准原文

1. 架体作业层脚手板下应采用安全平网兜底，以下每隔10m 应采用安全平网封闭；
2. 作业层里排架体与建筑物之间应采用脚手板或安全平网封闭；
3. 架体底层沿建筑结构边缘在悬挑钢梁与悬挑钢梁之间应采取措施封闭；
4. 架体底层应进行封闭。

8.9.2 条文释义

本释义内容与"3.9.2"基本相同，不再赘述。

8.10 构配件材质

8.10.1 标准原文

1. 型钢、钢管、构配件规格材质应符合规范要求；
2. 型钢、钢管弯曲、变形、锈蚀应在规范允许范围内。

8.10.2 条文释义

1. 悬挑手架使用型钢挑梁、构配件规格、型号、材质应符合相应规范的具体要求。
2. 本释义的其他内容与"3.10.2"基本相同，不再赘述。

第9章　附着式升降脚手架

附着式升降脚手架检查评分表

序号	检查项目		扣分标准	应得分数	扣减分数	实得分数
1	保证项目	施工方案	未编制专项施工方案或未进行设计计算，扣10分 　　专项施工方案未按规定审核、审批，扣10分 　　脚手架提升超过规定允许高度，专项施工方案未按规定组织专家论证，扣10分	10		
2		安全装置	未采用防坠落装置或技术性能不符合规范要求，扣10分 　　防坠落装置与升降设备未分别独立固定在建筑结构上，扣10分 　　防坠落装置未设置在竖向主框架处并与建筑结构附着，扣10分 　　未安装防倾覆装置或防倾覆装置不符合规范要求，扣5~10分 　　升降或使用工况，最上和最下两个防倾装置之间的最小间距不符合规范要求，扣10分 　　未安装同步控制装置或技术性能不符合规范要求，扣10分	10		
3		架体构造	架体高度大于5倍楼层高，扣10分 　　架体宽度大于1.2m，扣5分 　　直线布置的架体支承跨度大于7m或折线、曲线布置的架体支撑跨度的架体外侧距离大于5.4m，扣5分 　　架体的水平悬挑长度大于2m或大于跨度1/2，扣10分 　　架体悬臂高度大于架体高度2/5或大于6m，扣10分 　　架体全高与支撑跨度的乘积大于110m²，扣10分	10		

序号	检查项目		扣分标准	应得分数	扣减分数	实得分数
4	保证项目	附着支座	未按竖向主框架所覆盖的每个楼层设置一道附着支座，扣 10 分 使用工况未将竖向主框架与附着支座固定，扣 10 分 升降工况未将防倾、导向装置设置在附着支座上，扣 10 分 附着支座与建筑结构连接固定方式不符合规范要求，扣 10 分	10		
5		架体安装	主框架及水平支承桁架的节点未采用焊接或螺栓连接，扣 10 分 各杆件轴线未交汇于节点，扣 3 分 水平支承桁架的上弦及下弦之间设置的水平支撑杆件未采用焊接或螺栓连接，扣 5 分 架体立杆底端未设置在水平支承桁架上弦杆件节点处，扣 10 分 竖向主框架组装高度低于架体高度，扣 5 分 架体外立面设置的连续式剪刀撑未将竖向主框架、水平支承桁架和架体构架连成一体，扣 8 分	10		
6		架体升降	两跨及以上架体升降采用手动升降设备，扣 10 分 升降工况附着支座与建筑结构连接处混凝土强度未达到设计和规范要求，扣 10 分 升降工况架体上有施工荷载或有人员停留，扣 10 分	10		
		小计		60		

序号	检查项目		扣分标准	应得分数	扣减分数	实得分数
7	一般项目	检查验收	主要构配件进场未进行验收，扣6分 分区段安装、分区段使用未进行分区段验收，扣8分 架体搭设完毕未办理验收手续，扣10分 验收内容未进行量化，或未经责任人签字确认，扣5分 架体提升前未有检查记录，扣6分 架体提升后、使用前未履行验收手续或资料不全，扣2～8分	10		
8		脚手板	脚手板未满铺或铺设不严、不牢，扣3～5分 作业层与建筑结构之间空隙封闭不严，扣3～5分 脚手板规格、材质不符合要求，扣5～10分	10		
9		架体防护	脚手架外侧未采用密目式安全网封闭或网间连接不严，扣5～10分 作业层防护栏杆不符合规范要求，扣5分 作业层未设置高度不小于180mm的挡脚板，扣3分	10		
10		安全作业	操作前未向有关技术人员和作业人员进行安全技术交底或交底未有文字记录，扣5～10分 作业人员未经培训或未定岗定责，扣5～10分 安装拆除单位资质不符合要求或特种作业人员未持证上岗，扣5～10分 安装、升降、拆除时未设置安全警戒区及专人监护，扣10分 荷载不均匀或超载，扣5～10分	10		
		小计		40		
检查项目合计				100		

9.1 施工方案

9.1.1 标准原文

1. 附着式升降脚手架搭设作业应编制专项施工方案，结构设计应进行计算；

2. 专项施工方案应按规定进行审核、审批；

3. 脚手架提升超过规定允许高度，应组织专家对专项施工方案进行论证。

9.1.2 条文释义

1. 搭设附着式升降脚手架安装前，应根据工程结构、施工环境等特点编制专项施工方案，方案内容应包括：工程概况、编制依据、架体选型、架体构配件要求、架体搭设施工方法（附着支撑结构、杆件间距、安全装置、连接方法、特殊部位加固措施及有关详图、搭拆作业工序和安全技术措施）、附着支撑结构、竖向主框架、水平支承桁架及脚手架部分各受力杆件设计计算等内容。

2. 搭设附着式升降脚手架编制的专项施工方案应经单位技术负责人审核、审批后方可实施。

3. 提升高度超过150m的附着式升降脚手架应根据现场实际作业条件进行专门设计计算，专项施工方案必须经过有关技术专家的论证审核，方可组织实施。

9.2 安全装置

9.2.1 标准原文

1. 附着式升降脚手架应安装防坠落装置，技术性能应符合规范要求；

2. 防坠落装置与升降设备应分别独立固定在建筑结构上；

3. 防坠落装置应设置在竖向主框架处，与建筑结构附着；

4. 附着式升降脚手架应安装防倾覆装置，技术性能应符合规范要求；

5. 升降和使用工况时，最上和最下两个防倾装置之间最小间距应符合规范要求；

6. 附着式升降脚手架应安装同步控制装置，并应符合规范要求。

9.2.2 条文释义

附着式升降脚手架应安装防坠落、防倾覆和升降同步控制安全装置，并应灵敏可靠。

1. 防坠落装置应为机械式自动装置，其动作时制动距离不应大于150mm，动作时应能承受附着架全部荷载和坠落冲击荷载，并能有效制停附着架，防止附着架坠落。

防坠落装置应设置在竖向主框架上，并与建筑结构进行固定连接，每个机位至少设置一个防坠落装置。

2. 防倾覆装置包括导轨和防倾导向装置，导轨和防倾导向装置必须有足够的刚度和强度，在导轨有效高度内至少安装两个防倾导向装置，最上和最下两个防倾导向装置的最小间距不应小于2.8m或附着架高度的1/4。防倾覆导向装置应能控制竖向主框架的垂直偏差不应大于5‰。

3. 规范规定附着式升降脚手架应安装荷载限制或升降同步控制装置。

两跨及以上架体整体升降作业，应安装荷载限制装置，当动力装置荷载超过设计值的15%时，应自动报警并显示超载机位，当超过30%时，应自动停机。荷载限制装置的精度应不大于5%。

单跨架体升降作业，应安装升降同步控制装置，当水平高差达到 30mm 时，应能自动停机报警。

采用液压升降的附着式升降脚手架，应在液压系统中增加流量或速度等控制装置。以达到同步控制，不得采用在架体上附加重量的措施控制同步。

目前，有的附着式升降脚手架安装了计算机控制系统，该系统同时具有荷载限制和升降同步控制功能，控制精度更高，进一步提高了附着升降脚手架的安全可靠性。

9.3 架 体 构 造

9.3.1 标准原文

1. 架体高度不应大于 5 倍楼层高度，宽度不应大于 1.2m；

2. 直线布置的架体支承跨度不应大于 7m，折线、曲线布置的架体支撑点处的架体外侧距离不应大于 5.4m；

3. 架体水平悬挑长度不应大于 2m，且不应大于跨度的 1/2；

4. 架体悬臂高度不应大于架体高度的 2/5，且不应大于 6m；

5. 架体高度与支承跨度的乘积不应大于 110m^2。

9.3.2 条文释义

1. 附着式升降脚手架高度不应大于 5 倍楼层高度，宽度不应大于 1.2m，主要考虑附着架应覆盖整个防护层和施工作业层的总高度，如果架体高度不足 5 倍楼层高度，由于作业空间不足，就无法按规定安装架体的附着支座、防倾装置或作业层不能搭设防护栏杆，附着架不能正常作业安全。如果架体高度过大，增大了架体荷载，不利于附着架的安全作业。

2. 架体水平悬挑长度不应大于 2m，且不应大于跨度的 1/2。架体悬臂高度不应大于架体高度的 2/5，且不大于 6m 等是架体的主要构造参数，架体制造厂商及安装、使用单位均应严格执行。

9.4　附　着　支　座

9.4.1　标准原文

1. 附着支座数量、间距应符合规范要求；
2. 使用工况应将竖向主框架与附着支座固定；
3. 升降工况应将防倾、导向装置设置在附着支座上；
4. 附着支座与建筑结构连接固定方式应符合规范要求。

9.4.2　条文释义

1. 附墙支座是承受架体所有荷载并将其传递给建筑结构的关键构件，应于竖向主框架所覆盖的每一楼层处设置一道附墙支座，以确保附着式升降脚手架作业安全。每一楼层是指已浇筑混凝土且强度达到要求的楼层。

2. 附着支座应采用螺栓与建筑物锚固连接，为保证连接牢固可靠，受拉螺栓的螺母不得少于两个并应加装弹簧垫圈的防止退措施，螺杆露出螺母端部的长度不应小于 3 扣，并不得小于 10mm；垫板尺寸应由设计确定，且不小于 $100mm \times 100mm \times 10mm$，垫板过小可能引起预留孔处混凝土的局部破坏。

9.5　架　体　安　装

9.5.1　标准原文

1. 主框架和水平支承桁架的节点应采用焊接或螺栓连接，各杆件的轴线应汇交于节点；
2. 内外两片水平支承桁架的上弦和下弦之间应设置水平支撑杆件，各节点应采用焊接或螺栓连接；
3. 架体立杆底端应设在水平桁架上弦杆的节点处；

4. 竖向主框架组装高度应与架体高度相等；

5. 剪刀撑应沿架体高度连续设置，并应将竖向主框架、水平支承桁架和架体构架连成一体，剪刀撑斜杆水平夹角应为 45°～60°。

9.5.2 条文释义

1. 竖向主框架及水平支承桁架的杆件节点应采用焊接或螺栓连接的方式进行拼装组合，为保证架体有效合理的传递荷载，要求连接时各杆件的轴线应汇交在节点部位。如不汇交于一点，应单独进行附加弯矩验算，并采取局部补强措施。

2. 内外两片水平支承桁架的上弦和下弦之间设置水平支撑杆件是为了使内外排水平支承桁架构成空间稳定结构，以提高整体性和稳定性，其各节点应采用焊接或螺栓连接。架体立杆底端应设置在水平桁架上弦杆的节点处，以保证架体受力合理。

3. 剪刀撑对附着式升降脚手架架体的整体稳定、防止安全事故发生起重要的作用。规范要求架体外立面应沿全高连续设置剪刀撑，并应将竖向主框架、水平支承桁架和架体构架连成一体，剪刀撑角度为 45°～60°并与所覆盖架体构架上每个主节点的立杆或横向水平杆伸出端用扣件连接扣紧，悬挑端应以竖向主框架为中心成对设置对称斜拉杆，其角度不应小于 45°。

9.6 架 体 升 降

9.6.1 标准原文

1. 两跨以上架体同时升降应采用电动或液压动力装置，不得采用手动装置；

2. 升降工况附着支座处建筑结构混凝土强度应符合设计和规范要求；

3. 升降工况架体上不得有施工荷载，严禁人员在架体上停留。

9.6.2 条文释义

1. 附着式升降脚手架有单跨、多跨和整体三种升降作业方式，单跨架体升降作业时，两个升降设备的荷载可保持基本恒定不变，所以对同步升降要求并不十分严格，允许采用手动升降设备。多跨或整体式附着升降脚手架，对各升降设备的荷载均匀度要求较高，手动升降设备不能保证同步升降，也不能保证荷载均匀，所以多跨或整体式附着升降脚手架升降作业必须采用电动或液压升降动力设备。

2. 升降工况下，附着支座处的建筑结构混凝土强度必须达到设计值及规范规定，且不得小于C10。

3. 附着式升降脚手架升降或吊装过程中，严禁作业人员在架体上停留或作业，且升降过程中不得在架体上施加任何施工荷载，并解除影响升降作业的所有约束，以保证升降过程的平稳安全。

9.7 检 查 验 收

9.7.1 标准原文

1. 动力装置、主要结构配件进场应按规定进行验收；

2. 架体分区段安装、分区段使用时，应进行分区段验收；

3. 架体安装完毕应按规定进行整体验收，验收应有量化内容并经责任人签字确认；

4. 架体每次升、降前应按规定进行检查，并应填写检查记录。

9.7.2 条文释义

1. 附着式升降脚手架各种构配件、动力装置及安全装置在进场组装前，必须按照有关规范的要求进行逐一的验收检查，确保架体构配件完好齐全，动力装置及安全装置性能良好，以保证提升架体的装拆及使用安全。

2. 对于分区段安装、使用的附着式升降脚手架，应在下列阶段进行检查与验收：

1）首次安装完毕；

2）提升或下降前；

3）提升、下降到位，投入使用前。

3. 附着式升降脚手架在整体安装完毕后应进行整体验收，验收应符合现行行业标准《建筑施工工具式脚手架安全技术规范》JGJ 202 的规定，并对验收项目实施量化考核，相关责任人应对形成的文字验收结果签字确认。

4. 架体每次升、降作业前应按照规范有关要求进行安全检查，并填写相关的验收记录。

9.8 脚 手 板

9.8.1 标准原文

1. 脚手板应铺设严密、平整、牢固；

2. 作业层里排架体与建筑物之间应采用脚手板或安全平网封闭；

3. 脚手板材质、规格应符合规范要求。

9.8.2 条文释义

本释义内容与"3.5.2"基本相同，不再赘述。

9.9 架 体 防 护

9.9.1 标准原文

1. 架体外侧应采用密目式安全网封闭，网间连接应严密；

2. 作业层应按规范要求设置防护栏杆；

3. 作业层外侧应设置高度不小于 180mm 的挡脚板。

9.9.2 条文释义

本释义内容与"4.7.2"基本相同，不再赘述。

9.10 安 全 作 业

9.10.1 标准原文

1. 操作前应对有关技术人员和作业人员进行安全技术交底，并应有文字记录；

2. 作业人员应经培训并定岗作业；

3. 安装拆除单位资质应符合要求，特种作业人员应持证上岗；

4. 架体安装、升降、拆除时应设置安全警戒区，并应设置专人监护；

5. 荷载分布应均匀，荷载最大值应在规范允许范围内。

9.10.2 条文释义

1. 附着式升降脚手架安装、升降、使用、拆除等作业前，应向有关作业人员进行安全教育并下达安全技术交底，交底应留有文字记录。

2. 附着式升降脚手架专业施工作业人员应经专门培训，定岗作业。

3. 安装拆除单位应具有相应资质等级，特种作业人员应经专门培训并应经建设行政主管部门考核合格，取得特种作业操作资格证书后，方可上岗作业。

4. 架体安装、升降、拆除时应设置作业安全警戒区域（围栏、警示标志），并设置专人进行监护，非操作人员不得入内。

　　5. 架体在使用阶段，施工荷载应分布均匀，禁止集中堆载，各类荷载均应在规范及设计计算允许范围内。

第10章 高处作业吊篮

高处作业吊篮检查评分表

序号	检查项目		扣分标准	应得分数	扣减分数	实得分数
1	保证项目	施工方案	未编制专项施工方案或未对吊篮支架支撑处结构的承载力进行验算，扣10分 专项施工方案未按规定审核、审批，扣10分	10		
2		安全装置	未安装防坠安全锁或安全锁失灵，扣10分 防坠安全锁超过标定期限仍在使用，扣10分 未设置挂设安全带专用安全绳及安全锁扣或安全绳未固定在建筑物可靠位置，扣10分 吊篮未安装上限位装置或限位装置失灵，扣10分	10		
3		悬挂机构	悬挂机构前支架支撑在建筑物女儿墙上或挑檐边缘，扣10分 前梁外伸长度不符合产品产品说明书规定，扣10分 前支架与支撑面不垂直或脚轮受力，扣10分 上支架未固定在前支架调节杆与悬挑梁连接的节点处，扣5分 使用破损的配重块或采用其他替代物，扣10分 配重块未固定或重量不符合设计规定，扣10分	10		

序号	检查项目		扣分标准	应得分数	扣减分数	实得分数
4	保证项目	钢丝绳	钢丝绳有断丝、松股、硬弯、锈蚀或有油污附着物，扣10分 安全钢丝绳规格、型号与工作钢丝绳不相同或未独立悬挂，扣10分 安全钢丝绳不悬垂，扣10分 电焊作业时未对钢丝绳采取保护措施，扣5～10分	10		
5		安装作业	吊篮平台组装长度不符合产品说明书和规范要求，扣10分 吊篮组装的构配件不是同一生产厂家的产品，扣5～10分	10		
6		升降作业	操作升降人员未经培训合格，扣10分 吊篮内作业人员数量超过2人，扣10分 吊篮内作业人员未将安全带用安全锁扣挂置在独立设置的专用安全绳上，扣10分 作业人员未从地面进出吊篮，扣5分	10		
		小计		60		
7	一般项目	交底与验收	未履行验收程序，验收表未经责任人签字确认，扣5～10分 验收内容未进行量化，扣5分 每天班前班后未进行检查，扣5分 吊篮安装使用前未进行交底或交底未留有文字记录，扣5～10分	10		
8		安全防护	吊篮平台周边的防护栏杆或挡脚板的设置不符合规范要求，扣5～10分 多层或立体交叉作业未设置防护顶板，扣8分	10		

序号	检查项目		扣分标准	应得分数	扣减分数	实得分数
9	一般项目	吊篮稳定	吊篮作业未采取防摆动措施，扣5分 吊篮钢丝绳不垂直或吊篮距建筑物空隙过大，扣5分	10		
10		荷载	施工荷载超过设计规定，扣10分 荷载堆放不均匀，扣5分	10		
		小计		40		
检查项目合计				100		

10.1 施 工 方 案

10.1.1 标准原文

1. 吊篮安装作业应编制专项施工方案，吊篮支架支撑处的结构承载力应经过验算；

2. 专项施工方案应按规定进行审核、审批。

10.1.2 条文释义

1. 高处作业吊篮安装前，应根据工程结构、施工环境等特点，并结合吊篮产品说明书和相关规范、规定的要求，编制专项施工方案，方案内容应包括：编制依据、工程概况、吊篮选型和吊篮安装、使用、拆除过程中的安全技术措施及要求，绘制吊篮平台和吊篮悬挂机构平面布置图及特殊部位处置措施的构造详图，附吊篮悬挂机构前后支点处的屋面或楼面结构承载能力的验算等计算书内容。

2. 安拆高处作业吊篮编制的专项施工方案应经单位技术负

责人审核、审批后方可实施。

10.2 安全装置

10.2.1 标准原文

1. 吊篮应安装防坠安全锁，并应灵敏有效；
2. 防坠安全锁不应超过标定期限；
3. 吊篮应设置为作业人员挂设安全带专用的安全绳和安全锁扣，安全绳应固定在建筑物可靠位置上，不得与吊篮上的任何部位连接；
4. 吊篮应安装上限位装置，并应保证限位装置灵敏可靠。

10.2.2 条文释义

吊篮的安全装置主要有防坠安全锁、安全锁扣和上限位装置，并应灵敏可靠。

1. 防坠安全锁的技术参数应与吊篮匹配，离心触发式安全锁的制动距离不应大于 200mm。摆臂式防倾安全锁，当吊篮纵向倾角接近 8°时，能应制停吊篮。安全锁必须在有效标定期限内使用，有效标定期限不应大于一年。

2. 吊篮应设置为作业人员挂设安全带专用的安全绳和安全锁扣，安全锁扣与安全绳应匹配，安全锁扣的配件应齐全、完好，安全绳应符合现行国家标准《安全带》GB 6095 的规定。作业时安全绳应固定在建筑物可靠位置上，且不得与吊篮连接。

3. 为防止吊篮在上升过程中出现冒顶现象，应安装上限位装置，并应保证限位装置灵敏可靠，下限位装置可以选择性的安装。

10.3 悬挂机构

10.3.1 标准原文

1. 悬挂机构前支架不得支撑在女儿墙及建筑物外挑檐边缘等非承重结构上；

2. 悬挂机构前梁外伸长度应符合产品说明书规定；

3. 前支架应与支撑面垂直，且脚轮不应受力；

4. 上支架应固定在前支架调节杆与悬挑梁连接的节点处；

5. 严禁使用破损的配重块或其他替代物；

6. 配重块应固定可靠，重量应符合设计规定。

10.3.2 条文释义

1. 建筑物的女儿墙、挑檐等一般属非承重结构，规范规定严禁将悬挂机构前支架支撑在女儿墙、挑檐等处。必须时应对悬挂机构的支架进行重新设计计算，必要时应对专项施工方案进行论证审核。

2. 悬挑机构前支架应与支撑面保持垂直。但应注意，悬挂机构上设置的脚轮是方便吊篮做平行移动的，本身承载能力有限，因此在吊篮使用时，前支架脚轮不得受力。如果吊篮荷载传递到脚轮就会产生集中荷载，易对建筑物产生局部破坏。

3. 上支架应固定在前支架调节杆与悬挑梁连接的节点处，并保证上支架与前支架调节杆同轴同心，使悬挑梁的受力更合理。

10.4 钢 丝 绳

10.4.1 标准原文

1. 钢丝绳不应存断丝、断股、松股、锈蚀、硬弯及油污和附着物；

2. 安全钢丝绳应单独设置，型号规格应与工作钢丝绳一致；

3. 吊篮运行时安全钢丝绳应张紧悬垂；

4. 电焊作业时应对钢丝绳采取保护措施。

10.4.2 条文释义

1. 钢丝绳不得有断丝、断股、松股、锈蚀、硬弯和油污等附着物。钢丝绳与悬挑梁连接处应采取防止钢丝绳受剪的措施。采用绳夹连接时，绳夹数量、间距和连接强度应符合规范要求。

2. 安全钢丝绳是吊篮安全锁使用的专用钢丝绳，应单独设置。工作钢丝绳断裂时，防坠安全锁应能瞬时锁定安全钢丝绳，并防止吊篮坠落。此时吊篮全部荷载均施加在安全钢丝绳上。因此，其型号规格应与工作钢丝绳一致。吊篮运行时安全钢丝绳应张紧悬垂，防止篮体意外下落时，增大对安全钢丝绳带来额外的冲击荷载。

3. 在吊篮内进行电焊作业时，应对钢丝绳、电缆线采取保护措施，防止电焊火花灼烧钢丝绳及电缆线。

10.5 安 装 作 业

10.5.1 标准原文

1. 吊篮平台的组装长度应符合产品说明书和规范要求；

2. 吊篮的构配件应为同一厂家的产品。

10.5.2 条文释义

1. 吊篮的组装应严格依据相应说明书及规范要求，禁止随意增大篮体尺寸。规范中要求吊篮悬挂高度60m及以下时，吊篮边长不宜大于7.5m；悬挂高度在60m以上100m及以下时，吊篮长边不宜大于5.5m；悬挂高度在100m以上时，吊篮长边不宜大于2.5m。

2. 高处作业吊篮所选用的构配件应是同一厂家的产品，防止出现因配件不符而出现构造隐患的问题。

10.6 升 降 作 业

10.6.1 标准原文

1. 必须由经过培训合格的人员操作吊篮升降；
2. 吊篮内的作业人员不应超过2人；
3. 吊篮内作业人员应将安全带用安全锁扣正确挂置在独立设置的专用安全绳上；
4. 作业人员应从地面进出吊篮。

10.6.2 条文释义

1. 高处作业吊篮安装和施工单位应按规定设置专业技术人员、安全管理人员及特种作业人员。特种作业人员应经专业部门培训，取得特种作业操作资格证书后，可持证上岗作业。

2. 吊篮作业应严格控制施工荷载，严禁超载作业。作业人员不应超过2人，并应佩戴安全帽、系挂安全带，将连接安全带的挂扣正确挂置在独立设置的专用安全绳上，确保作业安全。

10.7　交底与验收

10.7.1　标准原文

1. 吊篮安装完毕，应按规范要求进行验收，验收表应由责任人签字确认；

2. 班前、班后应按规定对吊篮进行检查；

3. 吊篮安装、使用前对作业人员进行安全技术交底，并应有文字记录。

10.7.2　条文释义

1. 吊篮安装完毕，应按现行行业标准《建筑施工工具式脚手架安全技术规范》JGJ 202 的相关要求验收，验收表应由责任人签字确认。吊篮安装使用前应向有关作业人员进行安全教育并下达安全技术交底，交底应留有文字记录。

2. 班前、班后应按相关规定对吊篮进行检查，当施工中发现吊篮设备故障和安全隐患时，应停止作业及时排除，并应由专业人员维修，维修后的吊篮应重新检查验收，合格后方可使用。

10.8　安　全　防　护

10.8.1　标准原文

1. 吊篮平台周边的防护栏杆、挡脚板的设置应符合规范要求；

2. 上下立体交叉作业时吊篮应设置顶部防护板。

10.8.2　条文释义

1. 参考临边防护及高处作业有关要求，吊篮平台周边应设置防护栏杆及挡脚板，防止吊篮内人员及物料的坠落。

2. 在吊篮顶部安装防护板的目的是为了防止上下立体交叉作业时，高处坠物造成人员伤害。

10.9 吊篮稳定

10.9.1 标准原文

1. 吊篮作业时应采取防止摆动的措施；
2. 吊篮与作业面距离应在规定要求范围内。

10.9.2 条文释义

1. 吊篮作业时应采取防止摆动的措施，如采用缓冲导向轮、吸盘的措施防止因吊篮平台不稳引发人员坠落的安全事故。
2. 吊篮内侧与作业面距离应在规范要求范围内，确保吊篮内人员的作业需求及人身安全。

10.10 荷载

10.10.1 标准原文

1. 吊篮施工荷载应符合设计要求；
2. 吊篮施工荷载应均匀分布。

10.10.2 条文释义

1. 吊篮施工荷载应符合设计计算及有关规范的具体要求。
2. 吊篮平台内应保持荷载均衡，不得超载使用。

第11章 基坑工程

基坑工程检查评分表

序号	检查项目		扣分标准	应得分数	扣减分数	实得分数
1	保证项目	施工方案	基坑工程未编制专项施工方案，扣10分 专项施工方案未按规定审核、审批，扣10分 超过一定规模条件的基坑工程专项施工方案未按规定组织专家论证，扣10分 基坑周边环境或施工条件发生变化，专项施工方案未重新进行审核、审批，扣10分	10		
2		基坑支护	人工开挖的狭窄基槽，开挖深度较大或存在边坡塌方危险未采取支护措施，扣10分 自然放坡的坡率不符合专项施工方案和规范要求，扣10分 基坑支护结构不符合设计要求，扣10分 支护结构水平位移达到设计报警值未采取有效控制措施，扣10分	10		
3		降排水	基坑开挖深度范围内有地下水未采取有效的降排水措施，扣10分 基坑边沿周围地面未设排水沟或排水沟设置不符合规范要求，扣5分 放坡开挖对坡顶、坡面、坡脚未采取降排水措施，扣5～10分 基坑底四周未设排水沟和集水井或排除积水不及时，扣5～8分	10		

序号	检查项目		扣分标准	应得分数	扣减分数	实得分数
4	保证项目	基坑开挖	支护结构未达到设计要求的强度提前开挖下层土方，扣10分 未按设计和施工方案的要求分层、分段开挖或开挖不均衡，扣10分 基坑开挖过程中未采取防止碰撞支护结构或工程桩的有效措施，扣10分 机械在软土场地作业，未采取铺设渣土、砂石等硬化措施，扣10分	10		
5		坑边荷载	基坑边堆置土、料具等荷载超过基坑支护设计允许要求，扣10分 施工机械与基坑边沿的安全距离不符合设计要求，扣10分	10		
6		安全防护	开挖深度2m及以上的基坑周边未按规范要求设置防护栏杆或栏杆设置不符合规范要求，扣5～10分 基坑内未设置供施工人员上下的专用梯道或梯道设置不符合规范要求，扣5～10分 降水井口未设置防护盖板或围栏，扣10分	10		
		小计		60		
7	一般项目	基坑监测	未按要求进行基坑工程监测，扣10分 基坑监测项目不符合设计和规范要求，扣5～10分 监测的时间间隔不符合监测方案要求或监测结果变化速率较大未加密观测次数，扣5～8分 未按设计要求提交监测报告或监测报告内容不完整，扣5～8分	10		
8		支撑拆除	基坑支撑结构的拆除方式、拆除顺序不符合专项施工方案要求，扣5～10分 机械拆除作业时，施工荷载大于支撑结构承载能力，扣10分 人工拆除作业时，未按规定设置防护设施，扣8分 采用非常规拆除方式不符合国家现行相关规范要求，扣10分	10		

115

序号	检查项目		扣分标准	应得分数	扣减分数	实得分数
9	一般项目	作业环境	基坑内土方机械、施工人员的安全距离不符合规范要求，扣10分 上下垂直作业未采取防护措施，扣5分 在各种管线范围内挖土作业未设专人监护，扣5分 作业区光线不良扣5分	10		
10		应急预案	未按要求编制基坑工程应急预案或应急预案内容不完整，扣5~10分 应急组织机构不健全或应急物资、材料、工具机具储备不符合应急预案要求，扣2~6分	10		
		小计		40		
检查项目合计				100		

11.1 施 工 方 案

11.1.1 标准原文

1. 基坑工程施工应编制专项施工方案，开挖深度超过3m或虽未超过3m但地质条件和周边环境复杂的基坑土方开挖、支护、降水工程，应单独编制专项施工方案；

2. 专项施工方案应按规定进行审核、审批；

3. 开挖深度超过5m的基坑土方开挖、支护、降水工程或开挖深度虽未超过5m但地质条件、周围环境复杂的基坑土方开挖、支护、降水工程专项施工方案，应组织专家进行论证；

4. 当基坑周边环境或施工条件发生变化时，专项施工方案应重新进行审核、审批。

11.1.2 条文释义

1. 基坑工程施工前，应编制专项施工方案，且应综合考虑基坑深度、支护结构形式、施工方法、工程地质与水文地质条件，基坑周边环境，基坑对邻近建筑物、铁路、公路及地下管线的影响等因素。

专项施工方案内容应包括：土方开挖、支护结构、降排水和变形监测、应急处置预案。

专项施工方案应由施工单位技术部组织本单位施工、安全、质量等部门的专业技术人员进行审核。经审核合格的，由施工单位技术负责人签字后方能实施。

2. 基坑深度超过 5m 或未超过 5m，但水文地质条件、周边环境复杂，尤其是基坑施工可能对邻近建筑物、铁路及公路、地下管线有影响的基坑工程专项施工方案，包括基坑土方开挖、支护、降水工程及应急预案，应由施工单位组织召开专家论证会。

施工单位应严格按照专项施工方案组织施工。专项施工方案如因设计、结构、施工条件等发生变化时，需修改，修改后的专项施工方案应重新审核、审批。

11.2　基　坑　支　护

11.2.1 标准原文

1. 人工开挖的狭窄基槽，开挖深度较大并存在边坡塌方危险时，应采取支护措施；

2. 地质条件良好、土质均匀且无地下水的自然放坡的坡率应符合规范要求；

3. 基坑支护结构应符合设计要求；

4. 基坑支护结构水平位移应在设计允许范围内。

11.2.2 条文释义

1. 采用人工开挖的狭窄基槽或坑井，当开挖深度较大时也可能存在边坡塌方的危险，采取支护措施是十分必要的，支护结构应设计计算，并有足够的强度和稳定性。

对开挖深度较大的界定，不同地区可根据本地区地质条件和施工经验确定。

2. 地质条件良好，土质均匀且无地下水的基坑可采用自然放坡，坡率允许值可根据地方经验确定或符合以下规定。

自然放坡的坡率允许值

边坡土体类别	状态	坡率允许值（高宽比）	
		坡高小于 5m	坡高 5~10m
碎石土	密实	1：0.35~1：0.5	1：0.5~1：0.75
	中密	1：0.5~1：0.75	1：0.75~1：100
	稍密	1：0.75~1：100	1：1~1：1.25
黏性土	坚硬	1：0.75~1：100	1：100~1：1.25
	硬塑	1：100~1：1.25	1：1.25~1：1.50

3. 基坑支护结构必须经设计计算确定，支护结构产生的变形、位移等应在设计允许范围内。变形、位移达到设计预警值时，应立即采取有效控制措施或启动应急预案。

11.3 降 排 水

11.3.1 标准原文

1. 当基坑开挖深度范围内有地下水时，应采取有效的降排水措施；

2. 基坑边沿周围地面应设排水沟；放坡开挖时，应对坡顶、坡面、坡脚采取降排水措施；

3. 基坑底四周应按专项施工方案设排水沟和集水井，并应及时排除积水。

11.3.2 条文释义

1. 基坑工程专项施工方案的内容中应明确降排水措施，合理布置降水井、集水井和排水沟，并及时有效降水。深基坑施工可采用多级分层降水，随时观测水位的变化。

2. 基坑边沿周围应按专项施工方案设排水沟，且应防止雨水、渗漏水回灌坑内。放坡开挖的基坑应对坡顶、坡面、坡脚采取降排水措施，保证坡顶、坡面和坡脚的土体稳定。

11.4 基 坑 开 挖

11.4.1 标准原文

1. 基坑支护结构必须在达到设计要求的强度后，方可开挖下层土方，严禁提前开挖和超挖；

2. 基坑开挖应按设计和施工方案的要求，分层、分段、均衡开挖；

3. 基坑开挖应采取措施防止碰撞支护结构、工程桩或扰动基底原状土土层；

4. 当采用机械在软土场地作业时，应采取铺设渣土或砂石等硬化措施。

11.4.2 条文释义

1. 基坑开挖前必须确认支护结构强度达到设计要求。基坑开挖深度、开挖方向及开挖方法应符合专项方案的要求。不得提前开挖或超挖，以免造成土体结构破坏。

基坑开挖过程中应随时监测支护结构变形和位移；地面沉降或隆起变形及基坑渗漏等情况，发生问题立即采取措施。

2. 采用机械开挖作业，为保证作业场地的承载力和作业安全，可在作业场地内采取铺设渣土、砂石或路基箱等强化措施。

11.5 坑边荷载

11.5.1 标准原文

1. 基坑边堆置土、料具等荷载应在基坑支护设计允许范围内；

2. 施工机械与基坑边沿的安全距离应符合设计要求。

11.5.2 条文释义

1. 基坑支护结构在设计计算中应充分考虑基坑边缘合理的施工荷载。包括基坑边沿堆置土、料具等，并在施工过程中严格控制。

2. 施工机械作业及行走区域与基坑边沿的安全距离应符合设计计算的要求。任何施工机械不得在支护结构上行走及作业，必须时应单独设计供机械作业的栈桥或平台。

11.6 安全防护

11.6.1 标准原文

1. 开挖深度超过 2m 及以上的基坑周边必须安装防护栏杆，防护栏杆的安装应符合规范要求；

2. 基坑内应设置供施工人员上下的专用梯道。梯道应设置扶手栏杆，梯道的宽度不应小于 1m，梯道搭设应符合规范要求；

3. 降水井口应设置防护盖板或围栏，并应设置明显的警示标志。

11.6.2 条文释义

1. 基坑开挖深度达到2m及以上时，应按现行行业标准《建筑施工土石方工程安全技术规范》JGJ 180 的规定，在基坑周边设置防护栏杆。防护栏杆应由横杆和立杆组成，横杆不应少于2道，上杆高度不宜低于1.2m；下杆高度不宜低于0.6m。立杆间距不宜大于2.0m，立杆与边坡距离不宜小于0.5m。

2. 基坑内应设置供施工人员上下的专用梯道，梯道宽度不应小于1m，梯道和防护栏杆应安装牢固，并应有足够的强度。

11.7 基 坑 监 测

11.7.1 标准原文

1. 基坑开挖前应编制监测方案，并应明确监测项目、监测报警值、监测方法和监测点的布置、监测周期等内容；

2. 监测的时间间隔应根据施工进度确定。当监测结果变化速率较大时，应加密观测次数；

3. 基坑开挖监测工程中，应根据设计要求提交阶段性监测报告。

11.7.2 条文释义

1. 基坑开挖前应编制监测方案，监测方案应包括监测目的、监测项目、监测预警值、监测点的布置、监测周期等内容。基坑开挖过程中应按监测方案实施监测。当变形、位移超过预警值，应采取连续不间断的监测，必要时应启动应急处置预案。

2. 基坑开挖过程中应特别注意监测支护体系变形及位移、基坑渗漏水、地面沉降或隆起变形、邻近建筑物、交通设施及管道线路的情况。

11.8 支撑拆除

11.8.1 标准原文

1. 基坑支撑结构的拆除方式、拆除顺序应符合专项施工方案的要求;

2. 当采用机械拆除时,施工荷载应小于支撑结构承载能力;

3. 人工拆除时,应按规定设置防护设施;

4. 当采用爆破拆除、静力破碎等拆除方式时,必须符合国家现行相关规范的要求。

11.8.2 条文释义

1. 基坑支撑结构拆除方式、拆除顺序应符合专项施工方案的要求。拆除前首先应确认支撑结构处于安全状态,且具备拆除条件。

2. 人工拆作业时,应按规定设置安全防护设施,拆除作业应遵循先上后下,逐层分段的原则。拆除悬挑等不稳定结构时,应采用临时支顶的安全措施。

3. 机械拆除作业时,当支撑结构的承载力大于机械施工总荷载时,机械可在支撑结构上作业,否则严禁机械在支撑结构上进行拆除作业。

11.9 作 业 环 境

11.9.1 标准原文

1. 基坑内土方机械、施工人员的安全距离应符合规范要求;

2. 上下垂直作业应按规定采取有效的防护措施;

3. 在电力、通信、燃气、上下水等管线 2m 范围内挖土时,应采取安全保护措施，并应设专人监护；

4.施工作业区域应采光良好，当光线较弱时应设置有足够照度的光源。

11.9.2 条文释义

1.配合机械作业的人员，应在机械作业半径以外，当在机械作业半径内时，必须设专人监护。同作业区相邻机械的安全距离应符合现行行业标准《建筑施工土石方工程安全技术规程》JGJ 180的规定。

2.机械作业不宜在夜间进行。施工作业区域应采光良好，当光线较弱时应设置有足够照度的光源。

11.10 应 急 预 案

11.10.1 标准原文

1.基坑工程应按规范要求结合工程施工过程中可能出现的支护变形、漏水等影响基坑工程安全的不利因素制订应急预案；

2.应急组织机构应健全，应急的物资、材料、工具、机具等品种、规格、数量应满足应急的需要，并应符合应急预案的要求。

11.10.2 条文释义

1.基坑工程施工前，应按要求编制应急预案。应急预案应包括预案管理体系、危险性分析、危险源辨识与风险分析、组织机构及职责、预防措施、应急处置及应急保障等内容。

2.应急组织机构及人员应健全，应急设备、工具、材料等品种、数量应满足应急需求，建立应急物资清单，并应明确物资存放场所。

第12章　模板支架

模板支架检查评分表

序号	检查项目		扣分标准	应得分数	扣减分数	实得分数
1		施工方案	未编制专项施工方案或结构设计未经计算，扣10分 专项施工方案未经审核、审批，扣10分 超规模模板支架专项施工方案未按规定组织专家论证，扣10分	10		
2	保证项目	支架基础	基础不坚实平整、承载力不符合专项施工方案要求，扣5～10分 支架底部未设置垫板或垫板的规格不符合规范要求，扣5～10分 支架底部未按规范要求设置底座，每处扣2分 未按规范要求设置扫地杆，扣5分 未采取排水措施，扣5分 支架设在楼面结构上时，未对楼面结构的承载力进行验算或楼面结构下方未采取加固措施，扣10分	10		
3		支架构造	立杆纵、横间距大于设计和规范要求，每处扣2分 水平杆步距大于设计和规范要求，每处扣2分 水平杆未连续设置，扣5分 未按规范要求设置竖向剪刀撑或专用斜杆，扣10分 未按规范要求设置水平剪刀撑或专用水平斜杆，扣10分 剪刀撑或斜杆设置不符合规范要求，扣5分	10		

序号	检查项目		扣分标准	应得分数	扣减分数	实得分数
4	保证项目	支架稳定	支架高宽比超过规范要求未采取与建筑结构刚性连结或增加架体宽度等措施，扣10分 立杆伸出顶层水平杆的长度超过规范要求，每处扣2分 浇筑混凝土未对支架的基础沉降、架体变形采取监测措施，扣8分	10		
5		施工荷载	荷载堆放不均匀，每处扣5分 施工荷载超过设计规定，扣10分 浇筑混凝土未对混凝土堆积高度进行控制，扣8分	10		
6		交底与验收	支架搭设、拆除前未进行交底或无文字记录，扣5～10分 架体搭设完毕未办理验收手续，扣10分 验收内容未进行量化，或未经责任人签字确认，扣5分	10		
		小计		60		
7	一般项目	杆件连接	立杆连接不符合规范要求，扣3分 水平杆连接不符合规范要求，扣3分 剪刀撑斜杆接长不符合规范要求，每处扣3分 杆件各连接点的紧固不符合规范要求，每处扣2分	10		
8		底座与托撑	螺杆直径与立杆内径不匹配，每处扣3分 螺杆旋入螺母内的长度或外伸长度不符合规范要求，每处扣3分	10		
9		构配件材质	钢管、构配件的规格、型号、材质不符合规范要求，扣5～10分 杆件弯曲、变形、锈蚀严重，扣10分	10		

序号	检查项目		扣分标准	应得分数	扣减分数	实得分数
10	一般项目	支架拆除	支架拆除前未确认混凝土强度达到设计要求,扣10分 未按规定设置警戒区或未设置专人监护,扣5~10分	10		
		小计		40		
检查项目合计				100		

12.1 施 工 方 案

12.1.1 标准原文

1. 模板支架搭设应编制专项施工方案,结构设计应进行计算,并应按规定进行审核、审批;

2. 模板支架搭设高度 8m 及以上;跨度 18m 及以上,施工总荷载 15kN/m² 及以上;集中线荷载 20kN/m 及以上的专项施工方案应按规定组织专家论证。

12.1.2 条文释义

1. 模板支架搭设、拆除前应按规定编制专项施工方案,专项施工方案内容应包括:支架的结构设计要求和设计计算书,安装、拆除工艺程序和安全技术措施,混凝土浇筑顺序和要求;模板支架平面、立面图;支架受力杆件、剪刀撑及连墙件的设置简图。

2. 按照住房和城乡建设部《危险性较大的分部分项工程安全管理办法》的要求,模板支架搭设高度 8m 及以上;跨度 18m 及以上,施工荷载 15kN/m² 及以上;集中线荷载 20kN/m 及以上的专项方案必须经专家论证。确保专项施工方案的科学、安全和可操作性。

12.2 支 架 基 础

12.2.1 标准原文

1. 基础应坚实、平整，承载力应符合设计要求，并应能承受支架上部全部荷载；

2. 底部应按规范要求设置底座、垫板，垫板规格应符合规范要求；

3. 支架底部纵、横向扫地杆的设置应符合规范要求；

4. 基础应采取排水措施，并应排水通畅；

5. 当支架设在楼面结构上时，应对楼面结构强度进行验算，必要时应对楼面结构采取加固措施。

12.2.2 条文释义

1. 支架地基基础承载力应符合专项施工方案的要求，并应能承受支架上部全部荷载。压实填土地基应按现行国家标准《建筑地基基础工程施工质量验收规范》GB 50202 的要求施工。支架设在室外时，基础应设排水设施，并保证排水顺畅，不积水。

2. 支架设在压实填土地基上时，立杆底部必须加设垫板和底座，垫板应有足够的强度，长度不宜小于 2 倍的立杆间距，宽度不小于 200mm，厚度不小于 50mm。加设底座能有效地减少立杆对垫板的压强，并保证支架的整体稳定。

3. 支架高度 8m 及以上或施工荷载 15kN/m² 及以上时，应分层压实填土，并宜浇筑混凝土垫层。混凝土垫层厚度应经设计计算确定。

12.3 支 架 构 造

12.3.1 标准原文

1. 立杆间距应符合设计和规范要求；

2. 水平杆步距应符合设计和规范要求，水平杆应按规范要求连续设置；

3. 竖向、水平剪刀撑或专用斜杆、水平斜杆的设置应符合规范要求。

12.3.2 条文释义

1. 立杆间距、水平杆步距是支架设计计算的主要参数，与支架的承载能力有着直接关系，其实际尺寸不应大于设计计算书的取值，必须在搭设支架过程中严格控制。

2. 纵横向剪刀撑（专用斜杆）及水平剪刀撑，虽然未直接参与支架承载力的计算，但其仍是保证支架承载能力的重要设施，未按规范要求设置剪刀撑的支架，其承载能力将大大地低于设计值。规范中给定的计算公式是在支架搭设构造符合规范规定条件下方能成立的，所以支架的剪刀撑（专用斜杆）的设置必须符合规范规定。

12.4 支 架 稳 定

12.4.1 标准原文

1. 当支架高宽比大于规定值时，应按规定设置连墙杆或采用增加架体宽度的加强措施；

2. 立杆伸出顶层水平杆中心线至支撑点的长度应符合规范要求；

3. 浇筑混凝土时应对架体基础沉降、架体变形进行监控，基础沉降、架体变形应在规定允许范围内。

12.4.2 条文释义

1. 为保证支架的整体稳定，支架高宽比不宜大于规范的规定值（门式支架为 2；扣件钢管支架为 2～2.5），当支架高宽比大于规定值时，应按规范规定设置连墙件或采用增大支架底部面积的措施，以增加支架的稳定性。支架高宽比不应大于规范允许值（门式支架为4，扣件钢管支架为3）。

2. 支架立杆伸出顶层水平杆中心线至支撑点的长度等同于悬臂结构，该长度过大，将影响支架的整体稳定。规范规定扣件式钢管支架其长度不得大于0.5m；碗扣式钢管支架其长度不得大于0.7m；承插型盘扣式钢管支架不得大于0.65m。

12.5 施 工 荷 载

12.5.1 标准原文

1. 施工均布荷载、集中荷载应在设计允许范围内；
2. 当浇筑混凝土时，应对混凝土堆积高度进行控制。

12.5.2 条文释义

1. 荷载应在支架上分布均匀，防止由于荷载过于集中，造成支架失稳。当采用布料机等大型设备浇筑混凝土时，其荷载应在设计计算允许范围内。

2. 混凝土堆积高度是影响支架稳定性的重要因素，应在设计计算中充分考虑，并在实际施工过程中严格控制。

12.6 交底与验收

12.6.1 标准原文

1. 支架搭设、拆除前应进行交底，并应有交底记录；
2. 支架搭设完毕，应按规定组织验收，验收应有量化内容并经责任人签字确认。

12.6.2 条文释义

1. 模板支架搭设、拆除作业前，施工负责人应按照专项施工方案及有关规范要求，结合施工现场作业条件和施工实际，作详细的安全技术交底，交底应形成书面文字记录并由相关责任人签字确认。

2. 依据现行行业标准《建筑施工模板安全技术规范》JGJ 162等有关规范要求，模板支架在搭设、使用的不同阶段应进行相应的验收检查，确认符合要求后，才可进行下一步作业或投入使用。

3. 架体验收内容应依据专项施工方案及规范要求制定，验收应有量化内容，特别对扣件紧固力矩、连墙件的间距等应进行实测，验收结果应经相关责任人签字确认。

12.7 杆 件 连 接

12.7.1 标准原文

1. 立杆应采用对接、套接或承插式连接方式，并应符合规范要求；

2. 水平杆的连接应符合规范要求；

3. 当剪刀撑斜杆采用搭接时，搭接长度不应小于1m；

4. 杆件各连接点的紧固应符合规范要求。

12.7.2 条文释义

1. 模板支架的立杆接长应采用对接、套接或承插式连接等连接方式，相邻立杆接头应按照规范要求错开布置，模板支架的立杆严禁采用搭接接长使用，以防造成杆件偏心受力及扣件螺栓受剪破坏。

2. 模板支架水平杆件应根据选用架体的相应规范要求连接固定。

3. 扣件式钢管模板支架的剪刀撑，搭接长度不应小于 1m，并应等间隔设置 2 个及以上旋转扣件固定。扣件式钢管支架各杆件扣件紧固力矩严禁小于 40N·m。其他模板支架各杆件节点的连接紧固应符合规范要求。

12.8 底座与托撑

12.8.1 标准原文

1. 可调底座、托撑螺杆直径应与立杆内径匹配，配合间隙应符合规范要求；

2. 螺杆旋入螺母内长度不应少于 5 倍的螺距。

12.8.2 条文释义

1. 模板支架使用的可调底座及可调托撑螺杆的直径应与立杆内径相匹配，配合间隙应符合规范要求。防止出现底座、托撑与立杆不同轴受力的情况发生。

2. 螺杆旋入螺母内的长度不应少于 5 倍的螺距，保证螺母与螺杆之间的连接强度，防止螺纹剪切破坏。

12.9 构配件材质

12.9.1 标准原文

1. 钢管壁厚应符合规范要求；

2. 构配件规格、型号、材质应符合规范要求；

3. 杆件弯曲、变形、锈蚀量应在规范允许范围内。

12.9.2 条文释义

1. 模板支架选用钢管的壁厚和材质应符合规范要求，扣件式钢管支架应选用Q235普通钢管，壁厚不宜小于3.6mm。当钢管壁厚小于3.6mm并在规范允许值范围内时，在支架计算中应取最小壁厚值。其他构配件规格、型号应符合规范的要求。

2. 支架杆件的弯曲、变形和锈蚀程度应在相应规范允许范围之内。

12.10 支架拆除

12.10.1 标准原文

1. 支架拆除前结构的混凝土强度应达到设计要求；
2. 支架拆除前应设置警戒区，并应设专人监护。

12.10.2 条文释义

1. 支架拆除前，必须确认混凝土强度达到设计要求，并应遵循先支后拆，先拆非承重部分的原则，对超规模模板支架的拆除必须按专项方案规定进行。

支架拆除时的混凝土强度要求

构件类型	构建跨度（m）	达到设计混凝土强度等级值的百分率（%）
板	≤2	≥50
	>2，≤8	≥75
	>8	≥100
梁、拱	≤8	≥75
	>8	≥100
悬臂结构		≥100

2. 支架拆除作业应设置警戒区，警戒区内不得有其他作业，并应设专人负责监护。

第13章 高处作业

高处作业检查评分表

序号	检查项目	扣分标准	应得分数	扣减分数	实得分数
1	安全帽	施工现场人员未戴安全帽，每人扣5分 未按标准佩戴安全帽，每人扣2分 安全帽质量不符合现行国家相关标准的要求，扣5分	10		
2	安全网	在建工程外脚手架架体外侧未采用密目式安全网封闭或网间连接不严，扣2～10分 安全网质量不符合现行国家相关标准的要求，扣10分	10		
3	安全带	高处作业人员未按规定系挂安全带，每人扣5分 安全带系挂不符合要求，每人扣5分 安全带质量不符合现行国家相关标准的要求，扣10分	10		
4	临边防护	工作面边沿无临边防护，扣10分 临边防护设施的构造、强度不符合规范要求，扣5分 防护设施未形成定型化、工具式，扣3分	10		
5	洞口防护	在建工程的孔、洞未采取防护措施，每处扣5分 防护措施、设施不符合要求或不严密，每处扣3分 防护设施未形成定型化、工具式，扣3分 电梯井内未按每隔两层且不大于10m设置安全平网，扣5分	10		

序号	检查项目	扣分标准	应得分数	扣减分数	实得分数
6	通道口防护	未搭设防护棚或防护不严、不牢固，扣5～10分 防护棚两侧未进行封闭，扣4分 防护棚宽度小于通道口宽度，扣4分 防护棚长度不符合要求，扣4分 建筑物高度超过24m，防护棚顶未采用双层防护，扣4分 防护棚的材质不符合规范要求，扣5分	10		
7	攀登作业	移动式梯子的梯脚底部垫高使用，扣3分 折梯未使用可靠拉撑装置，扣5分 梯子的材质或制作质量不符合规范要求，扣10分	10		
8	悬空作业	悬空作业处未设置防护栏杆或其他可靠的安全设施，扣5～10分 悬空作业所用的索具、吊具等未经验收，扣5分 悬空作业人员未系挂安全带或佩带工具袋，扣2～10分	10		
9	移动式操作平台	操作平台未按规定进行设计计算，扣8分 移动式操作平台，轮子与平台的连接不牢固可靠或立柱底端距离地面超过80mm，扣5分 操作平台的组装不符合设计和规范要求，扣10分 平台台面铺板不严，扣5分 操作平台四周未按规定设置防护栏杆或未设置登高扶梯，扣10分 操作平台的材质不符合规范要求，扣10分	10		

序号	检查项目	扣分标准	应得分数	扣减分数	实得分数
10	悬挑式物料钢平台	未编制专项施工方案或未经设计计算，扣 10 分 悬挑式钢平台的下部支撑系统或上部拉结点，未设置在建筑结构上，扣 10 分 斜拉杆或钢丝绳未按要求在平台两侧各设置两道，扣 10 分 钢平台未按要求设置固定的防护栏杆或挡脚板，扣 3～10 分 钢平台台面铺板不严或钢平台与建筑结构之间铺板不严，扣 5 分 未在平台明显处设置荷载限定标牌，扣 5 分	10		
检查项目合计			100		

13.1 安 全 帽

13.1.1 标准原文

1. 进入施工现场的人员必须正确佩戴安全帽；
2. 安全帽的质量应符合规范要求。

13.1.2 条文释义

1. 安全帽是防止物体打击的重要防护用品，其质量和安全性应符合现行国家标准《安全帽》GB 2118 的规定。安全帽应有制造厂名称、商标、许可证号、检验部门批量验证和检验合格证。

2. 施工现场的人员必须佩戴安全帽，佩戴时应调整锁扣并系紧下颚带，防止安全帽脱落失去防护作用。

13.2 安 全 网

13.2.1 标准原文

1. 在建工程外脚手架的外侧应采用密目式安全网进行封闭；
2. 安全网的质量应符合规范要求。

13.2.2 条文释义

1. 安全网是防止高处坠落和施工落物的重要防护用品，其质量和安全性应符合现行国家标准《安全网》GB 5725 的规定。安全网应有制造厂名称、生产日期、许可证号、检验部门批量验证和检验合格证。

2. 安全网按防护功能分为安全平网和密目式安全网。安全平网主要用于洞口和作业层的防护。密目式安全网主要用于脚手架外立面的防护，也可将安全平网与密目式安全网双层叠加用于作业层的防护。安全网的架设应符合相关规定的要求。

13.3 安 全 带

13.3.1 标准原文

1. 高处作业人员应按规定系挂安全带；
2. 安全带的系挂应符合规范要求；
3. 安全带的质量应符合规范要求。

13.3.2 条文释义

1. 安全带是防止高处坠落的重要防护用品，其质量和安全性应符合现行国家标准《安全带》GB 6095 的规定。安全带应有制造厂名称、生产日期、伸展长度、许可证号、检验部门批量验证和检验合格证。

2. 高处作业人员必须佩戴安全带，不同形式安全带的使用应符合相关规定要求。作业人员体重及负重之和超过100kg不宜使用安全带。

13.4 临边防护

13.4.1 标准原文

1. 作业面边沿应设置连续的临边防护设施；
2. 临边防护设施的构造、强度应符合规范要求；
3. 临边防护设施宜定型化、工具式，杆件的规格及连接固定方式应符合规范要求。

13.4.2 条文释义

1. 高处作业面边沿无围护或围护设施高度低于800mm时，应按规定设置连续的临边防护设施。

2. 采用防护栏杆时，上杆距地面高度为1.0～1.2m，下杆距地面高度为0.5～0.6m，横杆长度大于2m时，应加设栏杆柱，防护栏杆应能承受任何方向的1kN的外力。

3. 防护栏杆立面可采用网板或密目式安全网封闭，栏杆底端设置高度不低于180mm的挡脚板。临边防护应采用定型化、工具式的防护设施。

13.5 洞口防护

13.5.1 标准原文

1. 在建工程的预留洞口、楼梯口、电梯井口等孔洞应采取防护措施；

2. 防护措施、设施应符合规范要求；

3. 防护设施宜定型化、工具式；

4. 电梯井内每隔 2 层且不大于 10m 应设置安全平网防护。

13.5.2 条文释义

1. 在建工程中的预留洞口、电梯井及管道井口等孔洞的防护应符合现行国家标准《建筑施工高处作业安全技术规范》JGJ 80 的规定。

2. 楼面、屋面等处的孔洞，当孔洞短边尺寸大于 25mm 时，应采取防护措施。较大的洞口可采用盖板覆盖或钢防护网等措施，盖板应能承受不小于 $1.1kN/m^2$ 的荷载。边长大于 1500mm 的洞口，四周应设防护栏杆，并在洞口处张挂安全平网。

3. 电梯井、管道井口应设置高度不低于 1.5m 的防护栏杆或栅门，其强度应符合相关规定要求，防护栏杆或栅门宜定型化、工具式，井道内每隔两层或 10m 应设置一道安全平网。网内应无杂物并支挂牢固。

13.6 通道口防护

13.6.1 标准原文

1. 通道口防护应严密、牢固；

2. 防护棚两侧应采取封闭措施；

3. 防护棚宽度应大于通道口宽度，长度应符合规范要求；

4. 当建筑物高度超过 24m 时，通道口防护顶棚应采用双层防护；

5. 防护棚的材质应符合规范要求。

13.6.2 条文释义

1. 结构施工至二层时，施工人员进出的通道口、施工电梯、物料提升机进料口应搭设防护棚，并应符合现行行业标准《建筑施工高处作业安全技术规范》JGJ 80 的规定。

2. 防护棚宽度应大于通道口宽度，长度应依据在建物高度与坠落半径确定，一般不小于 3m。防护棚顶部可采用厚度不小于 50mm 的木板铺设，两侧封挂密目式安全网。当建筑物高度超过 24m 时，防护棚顶部应采用双层防护，以提高防砸能力。

13.7 攀 登 作 业

13.7.1 标准原文

1. 梯脚底部应坚实，不得垫高使用；
2. 折梯使用时上部夹角宜为 $35°\sim45°$，并应设有可靠的拉撑装置；
3. 梯子的材质和制作质量应符合规范要求。

13.7.2 条文释义

1. 攀登作业专项方案中应明确攀登作业的攀登设施。攀登设施结构及承载力应经设计计算确定，并应符合现行行业标准《建筑施工高处作业安全技术规范》JGJ 80 的规定。

2. 当使用移动式梯子时，梯脚底部应坚实，不得垫高使用。折梯使用时上部夹角以 $35°\sim45°$ 为宜，并应设有可靠的拉撑装置。梯子的材质和质量应符合规范规定。

13.8 悬 空 作 业

13.8.1 标准原文

1. 悬空作业处应设置防护栏杆或采取其他可靠的安全措施；
2. 悬空作业所使用的索具、吊具等应经验收，合格后方可使用；

2. 悬空作业人员应系挂安全带、佩戴工具袋。

13.8.2 条文释义

1. 悬空作业专项施工方案中应明确悬空作业的安全防护设施。防护设施的承载力应经设计计算确定。并应符合现行行业标准《建筑施工高处作业安全技术规范》JGJ 80 的规定。

2. 悬空作业应有牢靠的立足点，并按规定设置防护栏杆或采用其他的防护措施。悬空作业所用的索具、吊笼、吊篮等设施应经检测验收，合格后方能使用。作业人员应系挂安全带，佩戴工具袋，防止高处落物。

13.9 移动式操作平台

13.9.1 标准原文

1. 操作平台应按规定进行设计计算；

2. 移动式操作平台轮子与平台连接应牢固、可靠，立柱底端距地面高度不得大于 80mm；

3. 操作平台应按设计和规范要求进行组装，铺板应严密；

4. 操作平台四周应按规范要求设置防护栏杆，并应设置登高扶梯；

5. 操作平台的材质应符合规范要求。

13.9.2 条文释义

1. 移动式操作平台的结构应按规定设计计算，并经审核审批后实施。操作平台可采用扣件钢管搭设或采用定型门架组装。组装完毕按规定自检并验收。

2. 移动平台所选择的轮子应能承受平台最大设计荷载。轮子应与平台连接牢固，平台立柱底端距地面的距离应符合现行行业标准《建筑施工高处作业安全技术规范》JGJ 80 的规定。

3. 操作平台应铺满平台板，四周必须设置防护栏杆，并应设置攀登扶梯。防护栏杆、攀登扶梯应符合现行行业标准《建筑施工高处作业安全技术规范》JGJ 80 的规定。

4. 操作平台移动时，应采用可靠的稳定措施防止平台倾翻。操作平台移动时，严禁任何人滞留在平台上。

13.10 悬挑式物料平台

13.10.1 标准原文

1. 悬挑式物料钢平台的制作、安装应编制专项施工方案，并应设计计算；

2. 悬挑式物料钢平台的下部支撑系统或上部拉结点，应设置在建筑结构上；

3. 斜拉杆或钢丝绳应按规范要求在平台两侧各设置前后两道；

4. 钢平台两侧必须安装固定的防护栏杆，并应在平台明显处设置荷载限定标牌；

5. 钢平台台面、钢平台与建筑结构间铺板应严密、牢固。

13.10.2 条文释义

1. 悬挑式物料钢平台制作、安装前应按规定编制专项施工方案，平台结构应经设计计算，并经审核审批。

2. 平台的搁置点及上部拉结点、下部斜撑应设置在建筑结构上，不得设置在脚手架、模板支架等设施上。平台固定端部应与建筑结构可靠连接。钢平台必须为刚性结构，不得晃动和滑移。

3. 斜拉式钢平台应在平台两侧各设置两道斜拉钢丝绳或拉杆，每道均应做单独受力计算。支撑式钢平台应在平台下方设置不少于两道斜撑，斜拉钢丝绳或斜撑的设置应符合现行行业标准《建筑施工高处作业安全技术规范》JGJ 80 的规定。

4. 平台台面、平台与建筑结构间铺板应牢固和严密，平台边沿应按规范要求设置防护栏杆，并应在平台明显处设置荷载限制标牌，平台严禁超载。

第14章 施 工 用 电

施工用电检查评分表

序号	检查项目	扣分标准	应得分数	扣减分数	实得分数
1	外电防护	外电线路与在建工程及脚手架、起重机械、场内机动车道之间的安全距离不符合规范要求且未采取防护措施，扣10分 防护设施未设置明显的警示标志，扣5分 防护设施与外电线路的安全距离及搭设方式不符合规范要求，扣5～10分 在外电架空线路正下方施工、建造临时设施或堆放材料物品，扣10分	10		
2	保证项目 接地与接零保护系统	施工现场专用的电源中性点直接接地的低压配电系统未采用 TN-S 接零保护系统，扣20分 配电系统未采用同一保护系统，扣20分 保护零线引出位置不符合规范要求，扣5～10分 电气设备未接保护零线，每处扣2分 保护零线装设开关、熔断器或通过工作电流，扣20分 保护零线材质、规格及颜色标记不符合规范要求，每处扣2分 工作接地与重复接地的设置、安装及接地装置的材料不符合规范要求，扣10～20分 工作接地电阻大于4Ω，重复接地电阻大于10Ω，扣20分 施工现场起重机、物料提升机、施工升降机、脚手架防雷措施不符合规范要求，扣5～10分 做防雷接地机械上的电气设备，保护零线未做重复接地，扣10分	20		

序号	检查项目		扣分标准	应得分数	扣减分数	实得分数
3	保证项目	配电线路	线路及接头不能保证机械强度和绝缘强度，扣5～10分 线路未设短路、过载保护，扣5～10分 线路截面不能满足负荷电流，每处扣2分 线路的设施、材料及相序排列、挡距、与邻近线路或固定物的距离不符合规范要求，扣5～10分； 电缆沿地面明设或沿脚手架、树木等敷设或敷设不符合规范要求，扣5～10分 未使用符合规范要求的电缆，扣10分 室内明敷主干线距地面高度小于2.5m，每处扣2分	10		
4		配电箱与开关箱	配电系统未采用三级配电、二级漏电保护系统，扣10～20分 用电设备未有各自专用的开关箱，每处扣2分 箱体结构、箱内电器设置不符合规范要求，扣10～20分 配电箱零线端子板的设置、连接不符合规范要求，扣5～10分 漏电保护器参数不匹配或检测不灵敏，每处扣2分 配电箱与开关箱电器损坏或进出线混乱，每处扣2分 箱体未设置系统接线图和分路标记，每处扣2分 箱体未设门、锁，未采取防雨措施，每处扣2分 箱体安装位置、高度及周边通道不符合规范要求，每处扣2分 分配电箱与开关箱、开关箱与用电设备的距离不符合规范要求，每处扣2分	20		
		小计		60		

144

序号	检查项目		扣分标准	应得分数	扣减分数	实得分数
5	一般项目	配电室与配电装置	配电室建筑耐火等级未达到三级，扣15分 未配置适用于电气火灾的灭火器材，扣3分 配电室、配电装置布设不符合规范要求，扣5～10分 配电装置中的仪表、电气元件设置不符合规范要求或仪表、电气元件损坏，扣5～10分 备用发电机组未与外电线路进行连锁，扣15分 配电室未采取防雨雪和小动物侵入的措施，扣10分 配电室未设警示标志、工地供电平面图和系统图，扣3～5分	15		
6		现场照明	照明用电与动力用电混用，每处扣2分 特殊场所未使用36V及以下安全电压，扣15分 手持照明灯未使用36V以下电源供电，扣10分 照明变压器未使用双绕组安全隔离变压器，扣15分 灯具金属外壳未接保护零线，每处扣2分 灯具与地面、易燃物之间小于安全距离，每处扣2分 照明线路和安全电压线路的架设不符合规范要求，扣10分 施工现场未按规范要求配备应急照明，每处扣2分	15		

145

序号	检查项目		扣分标准	应得分数	扣减分数	实得分数
7	一般项目	用电档案	总包单位与分包单位未订立临时用电管理协议，扣10分 　　未制定专项用电施工组织设计、外电防护专项方案或设计、方案缺乏针对性，扣5~10分 　　专项用电施工组织设计、外电防护专项方案未履行审批程序，实施后相关部门未组织验收，扣5~10分 　　接地电阻、绝缘电阻和漏电保护器检测记录未填写或填写不真实，扣3分 　　安全技术交底、设备设施验收记录未填写或填写不真实，扣3分 　　定期巡视检查、隐患整改记录未填写或填写不真实，扣3分 　　档案资料不齐全、未设专人管理，扣3分	10		
		小计		40		
检查项目合计				100		

14.1 外 电 防 护

14.1.1 标准原文

1. 外电线路与在建工程及脚手架、起重机械、场内机动车道的安全距离应符合规范要求；

2. 当安全距离不符合规范要求时，必须采取隔离防护措施，并应悬挂明显的警示标志；

3. 防护设施与外电线路的安全距离应符合规范要求，并应坚固、稳定；

4. 外电架空线路正下方不得进行施工、建造临时设施或堆放材料物品。

14.1.2 条文释义

1.《临电规范》规定，外电架空线路与在建工程（含脚手架）、高大施工设备、场内机动车道之间必须达到最小的安全距离。对达不到安全距离的架空线路，应与有关部门协商，采取停电、迁移等方式，严禁冒险强行施工。如果采取上述做法有困难时，应对架空线路进行绝缘隔离防护。

1）施工现场对架空线路的绝缘隔离防护通常采用搭设防护架体的方式。搭设前必须编制外电防护专项方案，经有关部门审批后方可实施。搭设（包括拆除）时必须停电，并有专人指挥和监护。搭设完毕后必须经验收合格后方能投入使用。

2）防护架体的结构形式可根据现场具体情况确定，但防护架体与线路边线之间应保持最小的安全距离：10kV 以下/1.7m；35kV/2.0m；63～110kV/2.5m 等。搭设后的架体必须保证坚固、稳定，防止因大风或搭设不稳固造成倒塌。

当架空线路在起重机的作业半径内时，防护架体可采用门型搭设，其顶部可选用 5cm 厚木板盖严。防护架体距离作业区较近时，应用阻燃性密目网等材料封闭严密，防止脚手管、钢筋等物料穿入。考虑起重机作业或夜间施工的安全，架体上端还应设置醒目的警示标志，如小彩旗和红色警示灯泡等。

3）防护架体应采用木、竹等绝缘材料，不宜采用钢管等金属材料。如采用金属材料时，架体应做保护接地，接地阻值不应大于 4Ω。

2. 现行行业标准《施工现场临时用电安全技术规范》JGJ 46（以下简称《临电规范》）规定外电架空线路正下方不得施工、建造临时设施或堆放材料物品等。随着城市建设密度的加大，目前场地狭窄的施工现场越来越多，在外电架空线路下方施工和搭建宿舍、作业棚、材料区等设施的违章现象较为普遍，造成的人员伤亡和电力设施损坏事故时有发生，对电网安全和人身安全构成了严重威胁。因此，工地必须严格执行《临电规范》的规定，禁止架空线路下方的各类违章行为，保证供电安全。

14.2　接地与接零保护系统

14.2.1　标准原文

1. 施工现场专用的电源中性点直接接地的低压配电系统应采用 TN-S 接零保护系统；

2. 施工现场配电系统不得同时采用两种保护系统；

3. 保护零线应由工作接地线、总配电箱电源侧零线或总漏电保护器电源零线处引出，电气设备的金属外壳必须与保护零线连接；

4. 保护零线应单独敷设，线路上严禁装设开关或熔断器，严禁通过工作电流；

5. 保护零线应采用绝缘导线，规格和颜色标记应符合规范要求；

6. 保护零线应在总配电箱处、配电系统的中间处和末端处作重复接地；

7. 接地装置的接地线应采用 2 根及以上导体，在不同点与接地体做电气连接。接地体应采用角钢、钢管或光面圆钢；

8. 工作接地电阻不得大于 4Ω，重复接地电阻不得大于 10Ω；

9. 施工现场起重机、物料提升机、施工升降机、脚手架应按规范要求采取防雷措施，防雷装置的冲击接地电阻值不得大于 30Ω；

10. 做防雷接地机械上的电气设备，保护零线必须同时作重复接地。

14.2.2 条文释义

1. TN-S 接零保护系统是目前施工现场最为常用的保护方式。按照《临电规范》的规定，施工现场专用的电源中性点直接接地的 220/380V 三相四线制低压电力系统必须采用 TN-S 接零保护系统，即将零线分为两条线，一条作为工作零线，用 N 表示；另一条线作为保护零线，用 PE 表示。

2. 现场同一供电系统内不能同时采用两种保护方式，即不允许一部分设备做保护接地，而另一部分设备做保护接零。

1）单独设置变压器为施工现场提供独立的低压电网时，必须实行 TN-S 接零保护系统。施工现场使用发电机组供电时，也应按照规定采用 TN-S 接零保护系统。

2）当提供给施工现场使用的低压电网采用 TN-C 接零保护系统时，按照《临电规范》的规定，应在施工现场总配电柜处将 TN-C 的混用零线一分为二，由总配电柜的工作零线母排和保护零线母排分别引出工作零线 N 和保护零线 PE，将原先的 TN-C 接零保护系统转变为 TN-C－S 接零保护系统（即形成局部的 TN-S 接零保护系统）。

3）当提供给施工现场使用的低压电网采用 TT 接地保护系统时，均应将所有设备单独设置地极，并将金属外壳与地极相连接，地极阻值不大于 4Ω。

3. TN-S 接零保护系统的工作零线 N 和保护零线 PE 应从变压器工作接地或总配电箱零线母排处分开。从施工现场总配电箱引出的保护零线 PE 和工作零线 N 相互间不能有电气连接。用电设备的金属外壳只与保护零线 PE 相接。

4. 保护零线 PE 在任何情况下都不允许替代相线使用，也不允许在其线路上设置断开点。

5. 保护零线 PE 应采用黄绿双色的绝缘导线，其材质与相线、工作零线 N 相同时，导线最小截面应符合以下规定：

保护零线 PE 截面与相线截面的关系

相线芯线截面 S（mm²）	保护零线 PE 最小截面（mm²）
S≤16	5
16＜S≤35	16
S＞35	S/2

6. 在 TN-S 接零保护系统中，为加强补充保护，确保安全，规定在保护零线 PE 上再次接地，即重复接地。施工现场要求至少做三处重复接地（始端、中间、末端），一般选择在总配电箱处、分配箱处（或设备集中区域、大型设备处）。重复接地的阻值不大于 10Ω。保护零线 PE 应按规定做重复接地，并严禁穿入漏电保护器；工作零线 N 严禁重复接地，但必须穿入漏电保护器。

7. 施工现场接地地极应充分利用自然接地体，如建筑物混凝土中的钢筋结构。当采用人工接地体时，应使用镀锌的钢管、圆钢和扁钢，考虑与土壤的紧密度和腐蚀性，严禁采用螺纹筋和铝材。人工接地极埋深一般为 0.8m，接地极间的距离一般不小于 5m。按照接地装置的安全性和可靠度要求，接地线采用两根及以上的导体，在不同点与接地体焊接。接地线与设备连接时可用焊接或螺栓连接，但大型起重设备，如塔吊加强节的接地线连接应避免采用反复焊接的方式，防止影响金属结构材质变化。

8. 一般施工现场普遍采用的是电源中性点直接接地的低压配电系统，也就是变压器的中性点设置工作接地，其电阻值不大于 4Ω。工作接地可以起到减轻故障接地危险、稳定系统电位的作用。保护零线 PE 上的重复接地阻值不应大于 10Ω。如果阻值达不到要求，可采取增加地极的做法降低阻值。

9. 当施工现场大型起重设备（塔吊、施工升降机、物料提升机等）和高大设施（脚手架、金属模板等），以及重要的建筑设施未处于附近防雷装置保护范围内时，都应做好防雷接地。大型起重设备可利用其垂直金属结构体作为防雷引下线；脚手架应至少两处与建筑物的接地装置连接，若无法实现，则应单独设置引下线和地极连接。防雷装置的冲击接地电阻值按规定不得大于

30Ω，在施工现场仪表检测中，一般工频接地电阻不大于 10Ω（重复接地标准），换算后的冲击接地电阻值即可符合要求。

10. 做防雷接地的一般都是高大的机械设备，电器功率也相应较大，除了考虑防雷装置以外，还要对保护零线 PE 进行重复接地。重复接地可从控制设备的专用开关箱中的 PE 端子排引出至单独的地极或与防雷地极相接。

14.3　配　电　线　路

14.3.1　标准原文

1. 线路及接头应保证机械强度和绝缘强度；

2. 线路应设短路、过载保护，导线截面应满足线路负荷电流；

3. 线路的设施、材料及相序排列、挡距、与邻近线路或固定物的距离应符合规范要求；

4. 电缆应采用架空或埋地敷设并应符合规范要求，严禁沿地面明设或沿脚手架、树木等敷设；

5. 电缆中必须包含全部工作芯线和用作保护零线的芯线，并应按规定接用；

6. 室内明敷主干线距地面高度不得小于 2.5m。

14.3.2　条文释义

1. 施工现场必须使用合格的绝缘线缆，不得有老化、破损现象，接头的处理和做法必须符合有关操作规程，保证线路的机械强度和绝缘强度。

2. 采用熔断器做短路保护时，其熔体额定电流不应大于明敷绝缘导线长期连续负荷允许载流量的 1.5 倍；采用断路器做短路保护时，其瞬动过流脱扣电流整定值应小于线路末端单相短路电流。采用熔断器或断路器做过载保护时，绝缘导线长期连续负荷允许载流量不应小于熔断器熔体额定电流或断路器长延时过流脱扣器脱扣电流整定值的 1.25 倍。

3. 目前施工现场场地日趋狭窄，空中交叉作业比较密集。因此，应尽量减少在施工作业区采取架空线路的做法。当必须采用架空线路时，应严格按照现行国家标准《建设工程施工现场供用电安全规范》GB 50194 的规定施工。

1）架空线路应采用混凝土杆或木杆，电杆埋设深度为杆长的 1/10 加 0.6m，不得有倾斜、下沉及杆基积水等现象。施工现场严禁借用树木、脚手架架设线路。

2）架空线路挡距不得大于 35m，在一个挡距内，每层导线的接头数不得超过该层导线数的 50%，且一根导线应只有一个接头。架空线间距不得小于 0.3m，靠近电杆的两导线间距不得小于 0.5m。线路相序排列原则为：动力、照明在同一横担上架设时，面向负荷从左侧起依次为 L_1、N、L_2、L_3、PE；动力、照明线在二层横担上分别架设时，上层横担面向负荷从左侧起依次为 L_1、L_2、L_3；下层横担面向负荷从左侧起依次为 L_1（L_2、L_3）、N、PE。

3）施工现场的架空线路与相关设施的安全距离应符合以下规定：

架空线路与邻近线路或固定物的安全距离

项目	距离类别					
最小净空距离（m）	架空线路的过引线、接下线与邻线	架空线与架空线电杆外缘		架空线与摆动最大时树梢		
	0.13	0.05		0.50		
最小垂直距离（m）	架空线同杆架设下方的通信、广播线路	架空线最大弧垂与地面			架空线最大弧垂与暂设工程顶端	架空线与邻近电力线路交叉
		施工现场	机动车道	铁路轨道	电气化		1kV以下	1～10kV
	1.0	4.0	6.0	7.5	不允许	2.5	1.2	2.5
最小水平距离（m）	架空线电杆与路基边缘	架空线路电杆与铁路轨道边缘				架空线边线与建筑物凸出部分
	1.0	杆高（m）＋3.0				1.0

4. 施工现场电缆敷设一般采用架空和埋地两种方式,严禁在地面或者在树木、脚手架上随意铺设。

1)电缆直埋应采用铠装电缆,普通电缆可采取穿管保护进行埋地。直埋时,沟槽开挖深度应大于 0.7m,在电缆周围敷设 50mm 厚的细沙并在上方设有硬质保护层。还土后,在电缆敷设路径上设立电缆走向标志。

2)电缆架空应采用专用电杆敷设,其高度按照架空线路的规定执行;当电缆借助墙壁敷设时,高度应满足敷设电缆的最大弧垂点距地高度不小于 2.0m。

5. 施工现场所使用的电缆应按照实际选用相应的规格。当输送 220/380V 线路时,电缆应采用五芯电缆(L_1、L_2、L_3、N、PE);当输送 380V 线路时,电缆可采用四芯缆(L_1、L_2、L_3、PE)。

6. 室内施工,特别是后期装修阶段电气线路比较多,容易造成触电伤害。因此,特别强调对电气线路要保持安全距离,可沿墙或屋顶架设,一般高度不得低于 2.5m。

14.4 配电箱与开关箱

14.4.1 标准原文

1. 施工现场配电系统应采用三级配电、二级漏电保护系统,用电设备必须有各自专用的开关箱;

2. 箱体结构、箱内电器设置及使用应符合规范要求;

3. 配电箱必须分设工作零线端子板和保护零线端子板,保护零线、工作零线必须通过各自的端子板连接;

4. 总配电箱与开关箱应安装漏电保护器,漏电保护器参数应匹配并灵敏可靠;

5. 箱体应设置系统接线图和分路标记,并应有门、锁及防雨措施;

6. 箱体安装位置、高度及周边通道应符合规范要求;

7. 分配箱与开关箱间的距离不应超过 30m，开关箱与用电设备间的距离不应超过 3m。

14.4.2 条文释义

1. 施工现场的配电箱是电源与用电设备之间的中枢环节，而开关箱是配电系统的末端，是用电设备的直接控制装置，它们的设置和使用直接影响施工现场的用电安全。因此，必须严格执行《临电规范》中"三级配电，二级漏电保护"和"一机、一闸、一漏、一箱"的规定，即在施工现场内的供电系统要设置总配电箱、分配电箱、开关箱三级控制，在总配电箱和开关箱设置两级漏电保护器（一些省市在分配电箱也加装漏电保护器，形成三级保护）；每台设备都配备独立的开关箱。

2. 近些年，很多地方在执行规范过程中，研发使用了符合规范要求的标准化电闸箱，对降低施工现场触电事故几率起到了积极的作用。施工现场应该坚决杜绝各类私自制造、改造的违规电闸箱，大力推广使用国家认证的标准化电闸箱，逐步实现施工用电的本质安全。

1）箱体材料应采用钢板制作，禁止采用木板制作。

2）统一进、出线口设置位置在其正常竖直安装位置的下底面。

3）箱内电器应按规定和设计要求配置隔离开关、断路器（熔断器）、漏电保护器和其他电器，其中，有些配电箱采用透明外壳的断路器替代隔离开关，必须保证能够看到明显断开点方可使用。

3. 总配电箱、分配箱、开关箱内必须设置工作零线 PE 端子板和保护零线 N 端子板。PE 端子板必须与金属电器安装板连接；N 端子板必须和金属电器安装板绝缘。进出线中的 PE 线必须与 PE 端子板连接；N 线必须与 N 端子板连接。

4. 施工现场总配电箱与开关箱中应安装漏电保护器，并应选择相应的规格和参数。

1）总配电箱中漏电保护器的额定漏电动作电流应大于 30mA，额定漏电动作时间应大于 0.1s，但其额定漏电动作电流与额定漏电动作时间的乘积不大于 30mA・s。

2）开关箱中漏电保护器的额定漏电动作电流不应大于
30mA，额定漏电动作时间不应大于 0.1s。使用于潮湿或腐蚀场
所的漏电保护器，其额定漏电动作电流不应大于 15mA，额定漏
电动作时间不应大于 0.1s。

3）漏电保护器应选用电磁式产品或辅助电源故障时能自动
断开的电子式产品。

4）漏电保护器由作业人员在每班前进行按钮试验；专业电
工应每周进行一次按钮试验，每月进行一次仪表测试。试验不合
格或外观严重损坏的漏电保护器必须立即停止使用并及时更换。

5. 为了便于维修和操作，在箱体上应有系统接线图和分路
标记。箱体应设置操作门和维修门并加锁，操作门由作业人员负
责，维修门由专业电工负责，作业人员不得擅自接线。箱体应具
有防雨、雪功能，适合户外作业环境。

6. 配电箱、开关箱应选择干燥通风场所，箱体周边应有足
够的维修空间。箱体安装应牢固、端正。固定式配电箱、开关箱
的中心点与地面的垂直距离应为 1.4～1.6m，移动式配电箱、开
关箱中心点与地面的垂直距离应为 0.8～1.6m。

7. 施工现场面积较大且设备分散，为确保供电质量和使用安
全，规定分配箱与开关箱间的距离控制在 30m 以内。开关箱与用
电设备间的距离一般在 3m 以内，更便于紧急情况及时断电。

14.5　配电室与配电装置

14.5.1　标准原文

1. 配电室的建筑耐火等级不应低于三级，配电室应配置适
用于电气火灾的灭火器材；
2. 配电室、配电装置的布设应符合规范要求；
3. 配电装置中的仪表、电器元件设置应符合规范要求；

4. 备用发电机组应与外电线路连锁；

5. 配电室应采取防止风雨和小动物侵入的措施；

6. 配电室应设置警示标志、工地供电平面图和系统图。

14.5.2 条文释义

1. 随着大型施工设备的增加，施工现场用电负荷不断增长，对电气设备的管理提出了更高的要求。在工地，以往简单设置一个总配电箱逐步为配电室、配电柜替代。作为施工现场的重地和防火重点部位，配电室优先考虑的就是防火性能。因此，在建造配电室时要严格按照防火等级施工，并配备足够的消防器材。

2. 配电室应设置在施工现场用电负荷集中的区域，尽量选择地势较高的位置。配电装置周边应有充分的安全空间和通道，并应有相应的隔离屏障。

3. 配电装置上应配备电流、电压表以及电度表等，计量仪表应保持完好并定期校验。随着施工现场用电总功率的猛增，无功功率损失愈加突出，有条件情况下还应加装电容补偿器，提高变压器的利用率，节省电费。

4. 施工现场采用自备发电机组和外部电力双电源供电时，必须采取连锁措施，防止出现误操作导致人员和设备损失

5. 施工现场的配电室必须有防风、雨、雪和小动物侵袭的措施，避免因此造成线路和设施损坏。

6. 配电室应设置明显的警示标志，严格禁止闲杂人员进入。配电室应按布置施工现场供电系统平面图、系统图和有关管理制度。

14.6 现 场 照 明

14.6.1 标准原文

1. 照明用电应与动力用电分设；

2. 特殊场所和手持照明灯应采用安全电压供电；

3. 照明变压器应采用双绕组安全隔离变压器；

4. 灯具金属外壳应接保护零线；

5. 灯具与地面、易燃物间的距离应符合规范要求；

6. 照明线路和安全电压线路的架设应符合规范要求；

7. 施工现场应按规范要求配备应急照明。

14.6.2 条文释义

1. 目前很多工程都要进行夜间施工和地下施工，对施工照明的要求更加严格。因此，施工现场必须提供科学合理的照明，根据不同场所设置一般照明、局部照明、混合照明和应急照明，做到动力和照明用电分设，保证施工的照明符合规范要求。

2. 特殊场所和手持照明灯应采用安全电压供电，并应符合以下规定：

1）隧道、人防工程、高温、有导电灰尘、比较潮湿或灯具离地面高度低于 2.5m 等场所的照明，电源电压不应大于 36V；

2）潮湿和易触及带电体场所的照明，电源电压不得大于 24V；

3）特别潮湿场所、导电良好的地面、锅炉或金属容器内的照明，电源电压不得大于 12V。

3. 照明变压器应采用双绕组安全隔离变压器，严禁采用自耦型变压器。

4. 施工现场内各类灯具的金属外壳应用保护零线连接。

5. 灯具与地面、易燃物间的距离应符合下列规定：

1）灯具室外不低于 3m，室内不低于 2.5m，碘钨灯及其他金属卤化物灯安装高度宜在 3m 以上。

2）与易燃物的间距：普通灯具不小于 300mm，聚光灯和碘钨灯不小于 500mm，且不能直接照射易燃物。

6. 施工现场的照明线路和安全电压线路应严格按照线路施工要求安装架设，穿管固定、接头绝缘处理都应符合规定。

7. 现代施工中地下工程、隧道工程越来越多，为了确保这些施工部位的人员安全，要求在主要通道设置应急照明，便于及时疏导人群；同时配电室也应设置应急照明，确保维修时的照明。

14.7 用 电 档 案

14.7.1 标准原文

1. 总包单位与分包单位应签订临时用电管理协议，明确各方相关责任；

2. 施工现场应制定专项用电施工组织设计、外电防护专项方案；

3. 专项用电施工组织设计、外电防护专项方案应履行审批程序，实施后应由相关部门组织验收；

4. 用电各项记录应按规定填写，记录应真实有效；

5. 用电档案资料应齐全，并应设专人管理。

14.7.2 条文释义

1. 施工总承包单位对现场的安全负有总责。因此，必须严格对分包单位的安全监管。签订临时用电安全管理协议，就是明确双方的责任和权力，从法律上约束双方的行为，认真做好各自的用电安全管理，减少事故发生。

2. 施工现场必须编制用电施工组织设计。若施工现场外电线路需要采取防护措施，必须制定外电防护专项方案并附在用电施工组织设计内。

3. 用电施工组织设计和外电防护专项方案必须由专业人员编制，报送有关部门审核后，由法人单位的总工批准执行。用电施工及验收必须严格执行施工组织设计，若有变更应重新上报审核批准。

4.施工现场用电安全管理主要的记录，包括电工特工种人员名单、电工日巡视记录、定期安全检查记录、隐患整改记录、安全技术交底、地阻遥测记录、绝缘电阻测试记录、漏电保护器测试记录、电气设备验收记录、用电线路验收记录等，记录必须按规定如实填写。

5.施工现场应将各类用电记录资料按照当地内业资料管理规定，由专人归档整理，以便日常检查和存档。

第15章 物料提升机

物料提升机检查评分表

序号	检查项目		扣 分 标 准	应得分数	扣减分数	实得分数
1	保证项目	安全装置	未安装起重量限制器、防坠安全器，扣15分 起重量限制器、防坠安全器不灵敏，扣15分 安全停层装置不符合规范要求或未达到定型化，扣5~10分 未安装上行程限位，扣15分 上行程限位不灵敏、安全越程不符合规范要求，扣10分 物料提升机安装高度超过30m，未安装渐进式防坠安全器、自动停层、语音及影像信号监控装置，每项扣5分	15		
2		防护设施	未设置防护围栏或设置不符合规范要求，扣5~15分 未设置进料口防护棚或设置不符合规范要求，扣5~15分 停层平台两侧未设置防护栏杆、挡脚板，每处扣2分 停层平台脚手板铺设不严、不牢，每处扣2分 未安装平台门或平台门不起作用，扣5~15分 平台门未达到定型化，每处扣2分 吊笼门不符合规范要求，扣10分	15		

序号	检查项目		扣 分 标 准	应得分数	扣减分数	实得分数
3	保证项目	附墙架与缆风绳	附墙架结构、材质、间距不符合产品说明书要求，扣10分 附墙架未与建筑结构可靠连接，扣10分 缆风绳设置数量、位置不符合规范要求，扣5分 缆风绳未使用钢丝绳或未与地锚连接，扣10分 钢丝绳直径小于8mm或角度不符合45°～60°要求，扣5～10分 安装高度超过30m的物料提升机使用缆风绳，扣10分 地锚设置不符合规范要求，每处扣5分	10		
4		钢丝绳	钢丝绳磨损、变形、锈蚀达到报废标准，扣10分 钢丝绳绳夹设置不符合规范要求，每处扣2分 吊笼处于最低位置，卷筒上钢丝绳少于3圈，扣10分 未设置钢丝绳过路保护措施或钢丝绳拖地，扣5分	10		
5		安拆、验收与使用	安装、拆卸单位未取得专业承包资质和安全生产许可证，扣10分 未制定专项施工方案或未经审核、审批，扣10分 未履行验收程序或验收表未经责任人签字，扣5～10分 安装、拆除人员及司机未持证上岗，扣10分 物料提升机作业前未按规定进行例行检查或未填写检查记录，扣4分 实行多班作业未按规定填写交接班记录，扣3分	10		
	小计			60		

序号	检查项目		扣 分 标 准	应得分数	扣减分数	实得分数
6		基础与导轨架	基础的承载力、平整度不符合规范要求，扣5～10分 基础周边未设排水设施，扣5分 导轨架垂直度偏差大于导轨架高度0.15%，扣5分 井架停层平台通道处的结构未采取加强措施，扣8分	10		
7	一般项目	动力与传动	卷扬机、曳引机安装不牢固，扣10分 卷筒与导轨架底部导向轮的距离小于20倍卷筒宽度未设置排绳器，扣5分 钢丝绳在卷筒上排列不整齐，扣5分 滑轮与导轨架、吊笼未采用刚性连接，扣10分 滑轮与钢丝绳不匹配，扣10分 卷筒、滑轮未设置防止钢丝绳脱出装置，扣5分 曳引钢丝绳为2根及以上时，未设置曳引力平衡装置，扣5分	10		
8		通信装置	未按规范要求设置通信装置，扣5分 通信装置信号显示不清晰，扣3分	5		
9		卷扬机操作棚	未设置卷扬机操作棚，扣10分 操作棚搭设不符合规范要求，扣5～10分	10		
10		避雷装置	物料提升机在其他防雷保护范围以外未设置避雷装置，扣5分 避雷装置不符合规范要求，扣3分	5		
		小计		40		
	检查项目合计			100		

15.1 安 全 装 置

15.1.1 标准原文

1. 应安装起重量限制器、防坠安全器，并应灵敏可靠；
2. 安全停层装置应符合规范要求，并应定型化；
3. 应安装上行程限位并灵敏可靠，安全越程不应小于 3m；
4. 安装高度超过 30m 的物料提升机应安装渐进式防坠安全器及自动停层、语音影像信号监控装置。

15.1.2 条文释义

物料提升机的安全装置主要有起重量限制器、防坠安全器、安全停层、上限位开关等。

1. 起重量限制器是防止物料提升机超载的重要安全装置，当荷载达到额定起重量的 90% 时，限制器应发出警示信号；当荷载达到额定起重量的 110% 时，限制器应切断上升主电路，使吊笼制停。

2. 防坠安全器是防止物料提升机吊笼意外坠落的重要安全装置，吊笼可采用瞬时动作防坠安全器，当吊笼提升钢丝绳（SS 型）意外断绳或传动装置失效（SC 型）时，防坠安全器应制停带有额定起重量的吊笼，且不应造成结构破坏。

3. 停层装置应为刚性机构，吊笼停层时安全停层装置应能可靠承担吊笼全部荷载。吊笼停层后其底板与停层平台的垂直高度差不应大于 50mm。

4. 上限位开关是防止物料提升机吊笼冲顶的重要安全装置，当吊笼上升至限定位置时，触发限位开关，吊笼被制停，此时，上部安全越程不应小于 3m。

目前，国内使用的物料提升机，在设计制作精度、传动方式及安装工艺方面相对比较简易，停层装置基本为手动连杆机构，停层准度较差。安装工艺受构造所限，存在人工安装作业的现象，作业安全度不高。另外，额定起重量过大，会加大电动机功率及导轨架、吊笼的结构尺寸，不经济，所以在考虑安全、经济的同时，规定物料提升机的安装高度不宜超过30m；额定起重量不宜超过16kN。

15.2 防护设施

15.2.1 标准原文

1. 应在地面进料口安装防护围栏和防护棚，防护围栏、防护棚的安装高度和强度应符合规范要求；

2. 停层平台两侧应设置防护栏杆、挡脚板，平台脚手板应铺满、铺平；

3. 平台门、吊笼门安装高度、强度应符合规范要求，并应定型化。

15.2.2 条文释义

物料提升机的安全防护设施主要有防护围栏、防护棚、停层平台、平台门等。

1. 防护围栏高度不应小于1.8m，围栏立面可采用网板结构。防护围栏任意 $500mm^2$ 的面积上作用300N的外力，边框任意一点作用1kN的力时，不应产生永久性变形。

2. 防护棚长度不应小于3m，宽度应大于吊笼宽度，顶部可采用厚度不小于50mm的木板搭设。当建筑主体结构高度大于24m时，防护棚顶部应采用双层防护，间距应符合现行行业标准《建筑施工高处作业安全技术规范》JGJ 80的规定。

3. 停层平台应能承受 $3kN/m^2$ 的荷载，其搭设应符合现行行业标准《建筑施工扣件式钢管脚手架安全技术规范》JGJ 130及其他标准的规定。

4. 平台门应采用工具式、定型化，高度不宜低于 1.8m，宽度与吊笼门宽度差不应大于 200mm，平台门的边框任意一点作用 1kN 的力时，不应产生永久变形。平台门应安装在平台外边缘处，应向停层平台内侧开启，并处于常闭状态。

15.3　附墙架与缆风绳

15.3.1　标准原文

1. 附墙架结构、材质、间距应符合产品说明书要求；
2. 附墙架应与建筑结构可靠连接；
3. 缆风绳设置的数量、位置、角度应符合规范要求，并应与地锚可靠连接；
4. 安装高度超过 30m 的物料提升机必须使用附墙架；
5. 地锚设置应符合规范要求。

15.3.2　条文释义

1. 附墙架是保证提升机整体刚度及稳定性的重要设施，其间距和连接方式是由制造商设计决定的，安装时应符合产品说明书的要求。

2. 附墙架宜使用制造商提供的标准产品，当标准附墙架结构尺寸不能满足要求时，可采用非标附墙架。非标附墙架的构造应经设计计算确定，设计计算书应经单位技术负责人审批，附墙架的制作应符合设计要求，且应经制作单位质量部门检测合格。

3. 缆风绳的设置应符合设计要求，每一组缆风绳与导轨架的连接点应在同一水平高度，并应对称设置。缆风绳与导轨架连接处应采取防止钢丝绳受剪的措施，缆风绳与水平面的夹角宜在 45°~60°之间，并应采用与揽风绳等强度的花篮螺栓与地锚可靠连接。

15.4 钢 丝 绳

15.4.1 标准原文

1. 钢丝绳磨损、断丝、变形、锈蚀量应在规范允许范围内；
2. 钢丝绳夹设置应符合规范要求；
3. 当吊笼处于最低位置时，卷筒上钢丝绳严禁少于3圈；
4. 钢丝绳应设置过路保护措施。

15.4.2 条文释义

1. 钢丝绳的维护、检验和报废应符合现行国家标准《起重机钢丝绳 保养、维护、安装、检验和报废》GB/T 5972的规定。

2. 钢丝绳固定采用绳夹时，绳夹规格应与钢丝绳匹配，数量不应少于3个，绳夹夹座应安放在长绳一侧。

3. 钢丝绳与卷筒的连接，一般采用压板紧固，该压紧装置的压紧力一般不能克服卷扬机的牵引力，所以必须借助钢丝绳缠绕在卷筒上产生的摩擦力。通过计算吊笼处于最低位置时，卷筒上留有两圈钢丝绳即可满足要求，规定不少于三圈更安全。

15.5 安拆、验收与使用

15.5.1 标准原文

1. 安装、拆卸单位应具有起重设备安装工程专业承包资质和安全生产许可证；

2. 安装、拆卸作业应制定专项施工方案，并应按规定进行审核、审批；

3. 安装完毕应履行验收程序，验收表格应由责任人签字确认；

4. 安装、拆卸作业人员及司机应持证上岗；

5. 物料提升机作业前应按规定进行例行检查，并应填写检查记录；

6. 实行多班作业、应按规定填写交接班记录。

15.5.2 条文释义

1. 物料提升机属建筑起重机械，依据《建设工程安全生产管理条例》、《特种设备安全监察条例》规定，其安装、拆除单位应具有相应的资质。安装、拆除等作业人员必须经专门培训，取得特种作业资格，持证上岗。

2. 安装、拆除作业前应依据相关规定及施工实际编制专项施工方案，并应经单位技术负责人审批后实施。专项施工方案应明确防坠安全器，起重量限制器的调试程序。

3. 物料提升机安装完毕，应由工程负责人组织安装、使用、租赁、监理单位对安装质量进行验收，验收应符合现行行业标准《龙门架及井架物料提升机安全技术规范》JGJ 88 的规定，验收必须有文字记录，并有责任人签字确认。安装单位必须对物料提升机的安装质量负全责。

15.6 基础与导轨架

15.6.1 标准原文

1. 基础的承载力和平整度应符合规范要求；

2. 基础周边应设置排水设施；

3. 导轨架垂直度偏差不应大于导轨架高度 0.15%；

4. 井架停层平台通道处的结构应采取加强措施。

15.6.2 条文释义

1. 基础应能承受最不利工作条件下的全部荷载，一般要求基础土层的承载力不应小于 80kPa。基础混凝土强度等级不应低于 C20，厚度不应小于 300mm，并应设置排水设施。

2. 井架停层平台通道处的结构应在设计制作过程中采取加强措施。

15.7　动力与传动

15.7.1　标准原文

1. 卷扬机、曳引机应安装牢固，当卷扬机卷筒与导轨底部导向轮的距离小于 20 倍卷筒宽度时，应设置排绳器；

2. 钢丝绳应在卷筒上排列整齐；

3. 滑轮与导轨架、吊笼应采用刚性连接，滑轮应与钢丝绳相匹配；

4. 卷筒、滑轮应设置防止钢丝绳脱出装置；

5. 当曳引钢丝绳为 2 根及以上时，应设置曳引力平衡装置。

15.7.2　条文释义

1. 卷扬机卷筒的轴线应与导轨架底部导向轮的中线垂直，其垂直距离不宜小于 20 倍卷筒的宽度，便于钢丝绳在卷筒上自然规则排列，否则应设置排绳器。

2. 卷筒、滑轮应与钢丝绳相匹配，卷筒、滑轮直径不应小于 30 倍的钢丝绳直径。主要考虑物料提升机作业环境比较差，增大卷筒、滑轮直径可减少钢丝绳的磨损，提高安全可靠度。

3. 曳引钢丝绳为 2 根及以上时，由于安装误差造成钢丝绳受力不均，所以应设置曳引力平衡装置。另外，钢丝绳在曳引轮上的包角一般不宜小于 150°，包角过小使钢丝绳的摩擦力不足，容易产生打滑现象、造成曳引传动失效。

15.8 通信装置

15.8.1 标准原文

1. 应按规范要求设置通信装置；
2. 通信装置应具有语音和影像显示功能。

15.8.2 条文释义

当受施工现场条件所限（或安装高度超过30m的物料提升机），造成司机作业视线不良，不能清楚观察每层平台作业状况，为防止误操作，应装设具有语音和影像功能的通信装置。

15.9 卷扬机操作棚

15.9.1 标准原文

1. 应按规范要求设置卷扬机操作棚；
2. 卷扬机操作棚强度、操作空间应符合规范要求。

15.9.2 条文释义

卷扬机安装在室内应设置防护围栏，安装在室外应设置操作棚。操作棚应采用定型化、装配式，必须具有防雨功能。操作棚应具有便于操作和维修的空间，顶部强度应符合规范要求。

15.10 避雷装置

15.10.1 标准原文

1. 当物料提升机未在其他防雷保护范围内时，应设置避雷装置；

2. 避雷装置设置应符合现行行业标准《施工现场临时用电安全技术规范》JGJ 46 的规定。

15.10.2 条文释义

物料提升机在相邻构筑物、塔式起重机等设施的防雷装置的防护范围以外及地区年平均雷暴日规定的安装高度时，应按现行行业标准《施工现场临时用电安全技术规范》JGJ 46 的规定设置避雷装置。

第16章 施工升降机

施工升降机检查评分表

序号	检查项目		扣 分 标 准	应得分数	扣减分数	实得分数
1	保证项目	安全装置	未安装起重量限制器或起重量限制器不灵敏，扣10分 未安装渐进式防坠安全器或防坠安全器不灵敏，扣10分 防坠安全器超过有效标定期限，扣10分 对重钢丝绳未安装防松绳装置或防松绳装置不灵敏，扣5分 未安装急停开关或急停开关不符合规范要求，扣5分 未安装吊笼和对重缓冲器或缓冲器不符合规范要求，扣5分 SC型施工升降机未安装安全钩，扣10分	10		
2		限位装置	未安装极限开关或极限开关不灵敏，扣10分 未安装上限位开关或上限位开关不灵敏，扣10分 未安装下限位开关或下限位开关不灵敏，扣5分 极限开关与上限位开关安全越程不符合规范要求，扣5分 极限开关与上、下限位开关共用一个触发元件，扣5分 未安装吊笼门机电连锁装置或不灵敏，扣10分 未安装吊笼顶窗电气安全开关或不灵敏，扣5分	10		

序号	检查项目		扣 分 标 准	应得分数	扣减分数	实得分数
3	保证项目	防护设施	未设置地面防护围栏或设置不符合规范要求，扣5～10分 未安装地面防护围栏门连锁保护装置或连锁保护装置不灵敏，扣5～8分 未设置出入口防护棚或设置不符合规范要求，扣5～10分 停层平台搭设不符合规范要求，扣5～8分 未安装层门或层门不起作用，扣5～10分 层门不符合规范要求、未达到定型化，每处扣2分	10		
4		附墙件	附墙架采用非配套标准产品未进行设计计算，扣10分 附墙架与建筑结构连接方式、角度不符合产品说明书要求，扣5～10分 附墙架间距、最高附着点以上导轨架的自由高度超过产品说明书要求，扣10分	10		
5		钢丝绳、滑轮与对重	对重钢丝绳绳数少于2根或未相对独立，扣5分 钢丝绳磨损、变形、锈蚀达到报废标准，扣10分 钢丝绳的规格、固定不符合产品说明书及规范要求，扣10分 滑轮未安装钢丝绳防脱装置或不符合规范要求，扣4分 对重重量、固定不符合产品说明书及规范要求，扣10分 对重未安装防脱轨保护装置，扣5分	10		

序号	检查项目		扣 分 标 准	应得分数	扣减分数	实得分数
6	保证项目	安拆、验收与使用	安装、拆卸单位未取得专业承包资质和安全生产许可证，扣10分 未编制安装、拆卸专项方案或专项方案未经审核、审批，扣10分 未履行验收程序或验收表未经责任人签字，扣5~10分 安装、拆除人员及司机未持证上岗，扣10分 施工升降机作业前未按规定进行例行检查，未填写检查记录，扣4分 实行多班作业未按规定填写交接班记录，扣3分	10		
		小计		60		
7	一般项目	导轨架	导轨架垂直度不符合规范要求，扣10分 标准节质量不符合产品说明书及规范要求，扣10分 对重导轨不符合规范要求，扣5分 标准节连接螺栓使用不符合产品说明书及规范要求，扣5~8分	10		
8		基础	基础制作、验收不符合产品说明书及规范要求，扣5~10分 基础设置在地下室顶板或楼面结构上，未对其支承结构进行承载力验算，扣10分 基础未设置排水设施，扣4分	10		
9		电气安全	施工升降机与架空线路不符合规范要求距离未采取防护措施，扣10分 防护措施不符合规范要求，扣5分 未设置电缆导向架或设置不符合规范要求，扣5分 施工升降机在防雷保护范围以外未设置避雷装置，扣10分 避雷装置不符合规范要求，扣5分	10		

序号	检查项目		扣 分 标 准	应得分数	扣减分数	实得分数
10	一般项目	通信装置	未安装楼层信号联络装置，扣10分 楼层联络信号不清晰，扣5分	10		
		小计		40		
检查项目合计				100		

16.1 安 全 装 置

16.1.1 标准原文

1. 应安装起重量限制器，并应灵敏可靠；

2. 应安装渐进式防坠安全器并应灵敏可靠，防坠安全器应在有效的标定期内使用；

3. 对重钢丝绳应安装防松绳装置，并应灵敏可靠；

4. 吊笼的控制装置应安装非自动复位型的急停开关，任何时候均可切断控制电路停止吊笼运行；

5. 底架应安装吊笼和对重缓冲器，缓冲器应符合规范要求；

6. SC 型施工升降机应安装一对以上安全钩。

16.1.2 条文释义

安全装置主要有起重量限制器、防坠安全器、防松绳开关和安全钩。

1. 起重量限制器是防止升降机超载的重要安全装置。起重量限制器应在荷载达到额定载重量的 90% 时，发出明确报警信号，荷载达到额定载重量的 110% 时终止吊笼启动。

2. 防坠安全器是防止吊笼意外坠落的重要安全装置。当吊笼出现超速运行时及时动作，以渐进的方式将吊笼制停防止吊笼坠落，同时又能在渐进制停吊笼过程中减弱冲击荷载，保证吊笼内人员的生命安全。

施工升降机每个吊笼上均应安装渐进式防坠安全器，严禁采用瞬时式防坠安全器。防坠安全器必须在有效的标定期限内使用，有效标定期限不应超过 1 年。防坠安全器无论使用与否，在有效标定期满后都必须重新进行检验标定。

3. 施工升降机对重钢丝绳端应设张力平衡装置，并装有由相对伸长量控制的非自动复位型的防松绳开关。当其中一条钢丝绳出现相对伸长量超过允许值或断绳时，该开关将切断控制电路，制动器制停吊笼。

4. 齿轮齿条式施工升降机吊笼应安装一对以上安全钩，防止吊笼脱离导轨架或防坠安全器输出端齿轮脱离齿条，造成事故发生。

16.2 限 位 装 置

16.2.1 标准原文

1. 应安装非自动复位型极限开关并应灵敏可靠；

2. 应安装自动复位型上、下限位开关并应灵敏可靠，上、下限位开关安装位置应符合规范要求；

3. 上极限开关与上限位开关之间的安全越程不应小于 0.15m；

4. 极限开关、限位开关应设置独立的触发元件；

5. 吊笼门应安装机电连锁装置，并应灵敏可靠；

6. 吊笼顶窗应安装电气安全开关，并应灵敏可靠。

16.2.2 条文释义

施工升降机限位装置主要有上限位开关、极限开关和吊笼门机电连锁装置。

1. 上限位开关是防止吊笼冲顶的重要安全装置，由于该装置动作时，切断的是控制回路，当交流接触器发生故障不能切断主电路时，吊笼仍存在冲顶的危险，所以限位开关不能保证万无一失。

2. 极限开关是杜绝吊笼冲顶的重要安全装置，由于该装置动作时切断的是主电路，能有效制停吊笼，杜绝吊笼冲顶。

3. 触发元件是极限开关、限位开关重要组成部分，安装应牢固、位置应准确才能保证灵敏可靠。同时极限开关、限位开关应设置独立的触发元件。

4. 吊笼门及顶部紧急出口门应安装机电连锁装置，并应灵敏可靠，当吊笼门或顶部紧急出口门处于开启状态时，吊笼不能启动。

施工升降机安装完毕，必须按规定对起重量限制器、防坠安全器、上限位开关、极限开关及各机电连锁装置进行动作试验，确保灵敏有效。

16.3 防 护 设 施

16.3.1 标准原文

1. 吊笼和对重升降通道周围应安装地面防护围栏，防护围栏的安装高度、强度应符合规范要求，围栏门应安装机电连锁装置并应灵敏可靠；

2. 地面出入通道防护棚的搭设应符合规范要求；

3. 停层平台两侧应设置防护栏杆、挡脚板，平台脚手板应铺满、铺平；

4. 层门安装高度、强度应符合规范要求，并应定型化。

16.3.2 条文释义

1. 吊笼和对重升降通道周围应安装地面防护围栏。防护围栏高度不应低于 1.8m，围栏的任一 2500mm² 的面积上，应能承受 350N 的水平力，而不产生永久变形。

2. 围栏门应安装有机械锁止装置或电气安全开关，吊笼只有位于底部规定位置时围栏门才能开启，且在围栏门开启后吊笼不能启动。

3. 防护棚长度不应小于 3m，宽度应不小于吊笼宽度（包括双吊笼），顶部可采用厚度不小于 50mm 的木板搭设，当建筑主体结构高度大于 24m 时，防护棚顶部应采用双层防护，层间距离应符合现行行业标准《建筑施工高处作业安全技术规范》JGJ 80 的规定。

4. 停层平台两侧应设置防护栏杆和挡脚板，上栏杆设置高度应为 1.2m，中间栏杆设置高度为 600mm，挡脚板高度不应小于 180mm。

5. 停层平台脚手板应铺满、铺平。停层平台的承载力不应小于 3kN/m²。停层平台应设置向内开启的平台门，平台门高度不应小于 1.8m，强度应符合规范要求。平台门应定型化，平台门与吊笼的安全距离应符合规范要求。

16.4　附　墙　件

16.4.1　标准原文

1. 附墙架应采用配套标准产品，当附墙架不能满足施工现场要求时，应对附墙架另行设计，附墙架的设计应满足构件刚度、强度、稳定性等要求，制作应满足设计要求；

2. 附墙架与建筑结构连接方式、角度应符合产品说明书要求；

3. 附墙架间距、最高附着点以上导轨架的自由高度应符合产品说明书要求。

16.4.2 条文释义

1. 附墙件应采用配套标准部件，当由于现场实际条件所限不能采用标准附墙架时，施工企业可根据实际另行设计制作，设计应满足构件刚度、强度及稳定性要求，设计计算书应由制作单位技术负责人审批，制作应满足设计要求，且应经制作单位质量部门检测合格。

2. 附墙架间距、最高附着点以上导轨架的自由高度，在任何情况下均不应超过产品说明书的规定。

16.5 钢丝绳、滑轮与对重

16.5.1 标准原文

1. 对重钢丝绳绳数不得少于2根且应相互独立；
2. 钢丝绳磨损、变形、锈蚀应在规范允许范围内；
3. 钢丝绳的规格、固定应符合产品说明书及规范要求；
4. 滑轮应安装钢丝绳防脱装置并应符合规范要求；
5. 对重的重量、固定应符合产品说明书要求；
6. 对重除导向轮或滑靴外应设有防脱轨保护装置。

16.5.2 条文释义

1. 应按有关规定定期检查钢丝绳的使用状况；当钢丝绳磨损、变形、锈蚀超过允许值时应立即更换，其维护、检验和报废应符合现行国家标准的规定。

2. 施工升降机对重钢丝绳不得少于2根，且应相互独立，每根钢丝绳的安全系数不应小于6；直径不应小于9mm。

3. 应定期对滑轮的钢丝绳防脱装置、对重的导向及防脱轨保护装置进行检查，并保证其完好可靠。

16.6 安拆、验收与使用

16.6.1 标准原文

1. 安装、拆卸单位应具有起重设备安装工程专业承包资质和安全生产许可证；

2. 安装、拆卸应制定专项施工方案，并经过审核、审批；

3. 安装完毕应履行验收程序，验收表格应由责任人签字确认；

4. 安装、拆卸作业人员及司机应持证上岗；

5. 施工升降机作业前应按规定进行例行检查，并应填写检查记录；

6. 实行多班作业，应按规定填写交接班记录。

16.6.2 条文释义

1. 施工升降机为建筑起重机械，依照《特种设备安全监察条例》、《建设工程安全生产管理条例》规定，其安装、拆除单位应具有相应的资质。安装、拆除等作业人员必须专门培训，取得特种作业资格证。

2. 依照住房和城乡建设部《危险性较大的分部分项工程安全管理办法》规定，施工升降机安装、拆除作业，应编制专项施工方案，并应经本单位技术负责人审批后实施。专项施工方案应明确防坠安全器、起重量限制器等主要安全装置的调试程序。

3. 依据现行行业标准《建筑施工升降机安装、使用、拆卸安全技术规程》JGJ 215 等相关规范要求，施工升降机安装完毕，应由工程负责人组织安装、使用、租赁、监理单位对安装质量进行验收，验收必须有文字记录，并应有责任人签字确认。安装单位必须对施工升降机的安装质量负全责。

4. 为确保施工升降机作业安全，作业前应按照现行行业标准《建筑施工升降机安装、使用拆卸安全技术规程》JGJ 215 规定进行检查。对上下限位、极限限位开关及防松绳开关，制动器及齿轮齿条传动、导轨架连接螺栓及附墙架、吊笼机电连锁等装置的可靠性进行重点检查，并填写检查记录。

16.7 导 轨 架

16.7.1 标准原文

1. 导轨架垂直度应符合规范要求；
2. 标准节的质量应符合产品说明书及规范要求；
3. 对重导轨应符合规范要求；
4. 标准节连接螺栓使用应符合产品说明书及规范要求。

16.7.2 条文释义

1. 导轨架安装时，应对垂直度进行测量校正。导轨架安装垂直度偏差应符合规范要求。

导轨架垂直度偏差

导轨架架设高度 h（m）	$h \leqslant 70$	$70 < h \leqslant 100$	$100 < h \leqslant 150$	$150 < h \leqslant 200$	$h > 200$
垂直度偏差（mm）	不大于 $(1/1000)$ h	$\leqslant 70$	$\leqslant 90$	$\leqslant 110$	$\leqslant 130$
	对钢丝绳式施工升降机，垂直度偏差不大于 $(1.5/1000)$ h				

2. 标准节连接螺栓的安装和紧固力矩应符合说明书及规范要求，并在每班作用前重点进行检查。

16.8 基　　础

16.8.1　标准原文

1. 基础制作、验收应符合说明书及规范要求；
2. 基础设置在地下室顶板或楼面结构上时，应对其支承结构进行承载力验算；
3. 基础应设有排水设施。

16.8.2　条文释义

1. 地基承载力、基础制作及验收应符合产品说明书及规范要求。基础应能承受最不利工作条件下的全部荷载，并应有排水设施。
2. 基础设置在地下室顶板或楼面结构上时，应对其支撑结构进行承载力验算，必要时应进行加固。

16.9 电 器 安 全

16.9.1　标准原文

1. 施工升降机与架空线路的安全距离或防护措施应符合规范要求；
2. 电缆导向架设置应符合说明书及规范要求；
3. 施工升降机在其他避雷装置保护范围外应设置避雷装置，并应符合规范要求。

16.9.2　条文释义

施工升降机与架空线路的安全距离是指施工升降机最外侧边缘与架空线路边线的最小距离。当安全距离小于规定值时必须按规定采取有效的防护措施。

施工升降机与架空线路边线的安全距离

外电线路电压（kV）	<1	1～10	35～110	220	330～500
安全距离（m）	4	6	8	10	15

16.10 通 信 装 置

16.10.1 标准原文

施工升降机应安装楼层信号联络装置，并应清晰有效。

16.10.2 条文释义

施工升降机应安装楼层信号联络装置，该装置能可靠传递各层作业人员呼叫吊笼停层信号，避免误操作。信号应清晰有效。

第17章 塔式起重机

塔式起重机检查评分表

序号	检查项目		扣分标准	应得分数	扣减分数	实得分数
1	保证项目	载荷限制装置	未安装起重量限制器或不灵敏，扣10分 未安装力矩限制器或不灵敏，扣10分	10		
2		行程限位装置	未安装起升高度限位器或不灵敏，扣10分 起升高度限位器的安全越程不符合规范要求，扣6分 未安装幅度限位器或不灵敏，扣10分 回转不设集电器的塔式起重机未安装回转限位器或不灵敏，扣6分 行走式塔式起重机未安装行走限位器或不灵敏，扣10分	10		
3		保护装置	小车变幅的塔式起重机未安装断绳保护及断轴保护装置，扣8分 行走及小车变幅的轨道行程末端未安装缓冲器及止挡装置或不符合规范要求，扣4~8分 起重臂根部绞点高度大于50m的塔式起重机未安装风速仪或不灵敏，扣4分 塔式起重机顶部高度大于30m且高于周围建筑物未安装障碍指示灯，扣4分	10		
4		吊钩、滑轮、卷筒与钢丝绳	吊钩未安装钢丝绳防脱钩装置或不符合规范要求，扣10分 吊钩磨损、变形达到报废标准，扣10分 滑轮、卷筒未安装钢丝绳防脱装置或不符合规范要求，扣4分 滑轮及卷筒磨损达到报废标准，扣10分 钢丝绳磨损、变形、锈蚀达到报废标准，扣10分 钢丝绳的规格、固定、缠绕不符合产品说明书及规范要求，扣5~10分	10		

183

序号	检查项目		扣分标准	应得分数	扣减分数	实得分数
5	保证项目	多塔作业	多塔作业未制定专项施工方案或施工方案未经审批，扣10分 任意两台塔式起重机之间的最小架设距离不符合规范要求，扣10分	10		
6		安拆、验收与使用	安装、拆卸单位未取得专业承包资质和安全生产许可证，扣10分 未制定安装、拆卸专项方案，扣10分 方案未经审核、审批，扣10分 未履行验收程序或验收表未经责任人签字，扣5～10分 安装、拆除人员及司机、指挥未持证上岗，扣10分 塔式起重机作业前未按规定进行例行检查，未填写检查记录，扣4分 实行多班作业未按规定填写交接班记录，扣3分	10		
		小计		60		
7	一般项目	附着	塔式起重机高度超过规定未安装附着装置，扣10分 附着装置水平距离不满足产品说明书要求未进行设计计算和审批，扣8分 安装内爬式塔式起重机的建筑承载结构未进行承载力验算，扣8分 附着装置安装不符合产品说明书及规范要求，扣5～10分 附着前和附着后塔身垂直度不符合规范要求，扣10分	10		
8		基础与导轨	塔式起重机基础未按产品说明书及有关规定设计、检测、验收，扣5～10分 基础未设置排水措施，扣4分 路基箱或枕木铺设不符合产品说明书及规范要求，扣6分 轨道铺设不符合产品说明书及规范要求，扣6分	10		

序号	检查项目		扣分标准	应得分数	扣减分数	实得分数
9	一般项目	结构设施	主要结构件的变形、锈蚀不符合规范要求，扣10分 平台、走道、梯子、护栏的设置不符合规范要求，扣4~8分 高强螺栓、销轴、紧固件的紧固、连接不符合规范要求，扣5~10分	10		
10		电器安全	未采用TN-S接零保护系统供电，扣10分 塔式起重机与架空线路安全距离不符合规范要求，未采取防护措施，扣10分 防护措施不符合规范要求，扣5分 未安装避雷接地装置，扣10分 避雷接地装置不符合规范要求，扣5分 电缆使用及固定不符合规范要求，扣5分	10		
		小计		40		
检查项目合计				100		

17.1 荷载限制装置

17.1.1 标准原文

1. 应安装起重量限制器并应灵敏可靠。当起重量大于相应档位的额定值并小于该额定值的110%时，应切断上升方向上的电源，但机构可作下降方向的运动；

2. 应安装起重力矩限制器并应灵敏可靠。当起重力矩大于相应工况下的额定值并小于该额定值的110%应切断上升和幅度增大方向的电源，但机构可作下降和减小幅度方向的运动。

17.1.2 条文释义

塔式起重机的荷载限制装置主要有起重量限制器和起重力矩限制器。

1. 起重量限制器应能限制各起升速度档的最大起重量，防止由于起重量超过额定值，造成塔机结构或传动机构被破坏的重要安全装置。

起重力矩限制器应能限制最大起重力矩，防止由于起重力矩超过额定值，造成塔机刚度或稳定性破坏的重要安全装置。

2. 起重量限制器与起重力矩限制器同属荷载限制装置，但作用迥然不同，更不能互相取代。

塔机每次进场，安装使用前，安装单位必须严格按照安全装置调试程序进行调试，并应有文字记录，确保安全装置灵敏可靠。

17.2 行程限位装置

17.2.1 标准原文

1. 应安装起升高度限位器，起升高度限位器的安全越程应符合规范要求，并应灵敏可靠；

2. 小车变幅的塔式起重机应安装小车行程开关，动臂变幅的塔式起重机应安装臂架幅度限制开关，并应灵敏可靠；

3. 回转部分不设集电器的塔式起重机应安装回转限位器，并应灵敏可靠；

4. 行走式塔式起重机应安装行走限位器，并应灵敏可靠。

17.2.2 条文释义

塔式起重机的行程限位主要有起升高度限位、变幅限位、回转限位和行走限位。

1. 起升高度限位是防止塔机吊钩超越安全行程，造成顶钩的安全装置，其安全越程应符合现行国家标准《塔式起重机安全规程》GB 5144 的规定。

2. 变幅限位是防止小车或起重臂超越安全行程，造成小车坠落或起重臂倾覆的安全装置。小车变幅的塔机应限制小车的安全行程，动臂变幅的塔机应限制起重臂的仰角。

3. 回转限位（未设置集电器的塔机）是防止电缆随塔机回转部分按某一个方向持续回转，造成电缆绞绕损坏的安全装置。回转限位正反向动作时，臂架旋转角度一般不大于±340°。

塔机行程限位的调试应符合产品说明书和国家现行有关标准的规定，且应保证灵敏有效。

17.3 保 护 装 置

17.3.1 标准原文

1. 小车变幅的塔式起重机应安装断绳保护及断轴保护装置，并应符合规范要求；

2. 行走及小车变幅的轨道行程末端应安装缓冲器及止挡装置，并应符合规范要求；

3. 起重臂根部绞点高度大于 50m 的塔式起重机应安装风速仪，并应灵敏可靠；

4. 当塔式起重机顶部高度大于 30m，且高于周围建筑物时，应安装障碍指示灯。

17.3.2 条文释义

1. 对小车变幅的塔式起重机应设置小车变幅断绳保护装置，在变幅钢丝绳断绳时，能使小车在起重臂上不发生滑移；断轴保护装置必须保证即使车轮失效，小车也不能脱离起重臂。

2. 对行走式塔式起重机，每个运行方向应设置限位装置，其中包括限位开关、缓冲器和终端止挡装置。

17.4 吊钩、滑轮、卷筒与钢丝绳

17.4.1 标准原文

1. 吊钩应安装钢丝绳防脱钩装置并应完好可靠，吊钩的磨损、变形应在规定允许范围内；

2. 滑轮、卷筒应安装钢丝绳防脱装置并应完好可靠，滑轮、卷筒的磨损应在规定允许范围内；

3. 钢丝绳的磨损、变形、锈蚀应在规定允许范围内，钢丝绳的规格、固定、缠绕应符合说明书及规范要求。

17.4.2 条文释义

1. 吊钩应安装防止钢丝绳吊索脱钩的安全装置，该装置应有足够的强度，且能阻止钢丝绳吊索脱钩。

2. 滑轮、卷筒应安装防止钢丝绳脱出的安全装置，该装置应有足够的强度，且与滑轮或卷筒侧板外缘的间隙不超过钢丝绳直径的20%。

3. 吊钩、滑轮、卷筒及钢丝绳的磨损、变形量应在规定范围内。当磨损、变形量超过规定时，应立即更新。

17.5 多塔作业

17.5.1 标准原文

1. 多塔作业应制定专项施工方案并经过审批；

2. 任意两台塔式起重机之间的最小架设距离应符合规范要求。

防止相邻塔机相碰撞的最有效措施是要有足够的安全距离，塔机在安装过程中，任意两台塔机的最小架设距离应符合以下规定：

1. 低位塔式起重机的起重臂端部与另一台塔式起重机塔身之间的距离不得小于 2m；

高位塔式起重机的最低位置的部件（或吊钩升至最高点或平衡重的最低部位）与低位塔式起重机中处于最高位置部件之间的垂直距离不得小于 2m。

2. 塔式起重机的起重臂与建筑结构或其他高大设施的安全距离应符合现行国家标准《塔式起重机安全规程》GB 5144 的规定。

两台相邻塔式起重机的安全距离如果控制不当，很可能会造成重大安全事故。当工地存在多台塔式起重机交错作业时，应在协调相互作业关系的基础上，编制多塔专项使用方案，要严格控制安全距离，严禁采用锚固塔式起重机大臂等方式作为防碰撞措施，确保塔式起重机不发生碰撞。

17.6 安拆、验收与使用

17.6.1 标准原文

1. 安装、拆卸单位应具有起重设备安装工程专业承包资质和安全生产许可证；

2. 安装、拆卸应制定专项施工方案，并经过审核、审批；

3. 安装完毕应履行验收程序，验收表格应由责任人签字确认；

4. 安装、拆卸作业人员及司机、指挥应持证上岗；

5. 塔式起重机作业前应按规定进行例行检查，并应填写检查记录；

6. 实行多班作业、应按规定填写交接班记录。

17.6.2 条文释义

1. 塔式起重机为建筑起重机械，依照《特种设备安全监察条例》、《建设工程安全生产管理条例》规定，其安装、拆除单位应具有相应的资质。安装、拆除等作业人员必须专门培训，取得特种作业资格证。

依照住房和城乡建设部《危险性较大的分部分项工程安全管理办法》规定，塔式起重机安装、拆除作业，应编制专项施工方案，并应经本单位技术负责人审批后实施。专项施工方案应明确起重力矩限制器、起重量限制器等主要安全装置的调试程序。

2. 塔机安装完毕应履行验收程序，验收应符合现行行业标准《建筑施工塔式起重机安装、使用、拆卸安全技术规程》JGJ 196 的规定，特别对安全装置及设施的验收，必须有量化内容。验收表应有安装单位责任人签字确认，确保验收表内容的真实可靠。安装单位必须对塔式起重机的安装质量负全责。

17.7 附　　着

17.7.1 标准原文

1. 当塔式起重机高度超过产品说明书规定时，应安装附着装置，附着装置安装应符合产品说明书及规范要求；

2. 当附着装置的水平距离不能满足产品说明书要求时，应进行设计计算和审批；

3. 安装内爬式塔式起重机的建筑承载结构应进行承载力验算；

4. 附着前和附着后塔身垂直度应符合规范要求。

17.7.2 条文释义

当附着装置的水平距离不能满足产品说明书规定时，施工企业可以根据现场实际条件，重新设计、制作非标附着装置，且应符合下列要求：

1. 制作非标附着装置的施工企业应具有钢结构工程专业承包资质。

2. 对非标附着装置应进行设计计算，设计计算必须满足构件刚度、强度及稳定性要求。设计计算文件必须经施工企业技术负责人审核、审批。

3. 附着装置的制作必须符合设计要求，应有制作工艺要求及检验标准。用于制作附着装置所用钢材应有材质报告，施工企业自制的附着装置应当有永久的标志，施工企业必须对自制附着装置的质量负全责。

17.8 基础与导轨

17.8.1 标准原文

1. 塔式起重机基础应按产品说明书及有关规定进行设计、检测和验收；

2. 基础应设置排水措施；

3. 路基箱或枕木铺设应符合产品说明书及规范要求；

4. 轨道铺设应符合产品说明书及规范要求。

17.8.2 条文释义

1. 塔式起重机说明书所提供的基础如不能满足现场地基承载力要求时，应对塔式起重机基础进行设计变更，设计变更后应由企业技术负责人审核、审批。基础施工完毕应按照规定检测和验收。

2. 行走式塔机轨道的铺设应符合现行国家标准《塔式起重机安全规程》GB 5144 的规定。

17.9　结　构　设　施

17.9.1　标准原文

1. 主要结构件的变形、锈蚀应在规范允许范围内；
2. 平台、走道、梯子、护栏的设置应符合规范要求；
3. 高强螺栓、销轴、紧固件的紧固、连接应符合规范要求，高强螺栓应使用力矩扳手或专用工具紧固。

17.9.2　条文释义

1. 塔机安装前，安装单位应对塔机的起重臂，平衡臂、塔顶、顶升套架及标准节等主要结构件自检，其变形、锈蚀应符合现行国家标准《塔式起重机安全规程》GB 5144 的规定。
2. 平台、走道、梯子及护栏的设置应符合现行国家标准《塔式起重机安全规程》GB 5144 的规定。
3. 塔机主要结构件的连接、紧固必须符合产品说明书的要求，高强度螺栓的紧固必须使用扭力扳手，螺栓紧固力矩必须符合规定要求，确保结构件连接可靠及塔机的整体刚度和稳定。

17.10　电　器　安　全

17.10.1　标准原文

1. 塔式起重机应采用 TN-S 接零保护系统供电；
2. 塔式起重机与架空线路的安全距离或防护措施应符合规范要求；
3. 塔式起重机应安装避雷接地装置，并应符合规范要求；

4. 电缆的使用及固定应符合规范要求。

17. 10. 2　条文释义

1. 为保证塔机用电安全，按照现行行业标准《施工现场临时用电安全技术规范》JGJ 46 的规定，塔机的供电必须采用工作零线与保护零线单独敷设的供电系统，便于安装漏电保护器，提高用电安全可靠性。

2. 塔式起重机与架空线路的安全距离是指塔式起重机的任何部位与架空线路边线的最小距离。当安全距离小于规定时必须按规定采取有效的防护措施。

塔式起重机与架空线路边线的安全距离

安全距离（m）	电压（kV）				
	<1	1~15	20~40	60~110	220
沿垂直方向	1.5	3.0	4.0	5.0	6.0
沿水平方向	1.0	1.5	2.0	4.0	6.0

3. 为避免雷击，塔式起重机的钢结构应做防雷接地，其接地电阻应不大于10Ω。接地装置的选择和安装应符合现行行业标准《施工现场临时用电安全技术规范》JGJ 46 的规定。

第18章 起重吊装

起重吊装检查评分表

序号	检查项目		扣 分 标 准	应得分数	扣减分数	实得分数
1	保证项目	施工方案	未编制专项施工方案或专项施工方案未经审核、审批，扣10分 超规模的起重吊装专项施工方案未按规定组织专家论证，扣10分	10		
2		起重机械	未安装荷载限制装置或不灵敏，扣10分 未安装行程限位装置或不灵敏，扣10分 起重拔杆组装不符合设计要求，扣10分 起重拔杆组装后未履行验收程序或验收表无责任人签字，扣5～10分	10		
3		钢丝绳与地锚	钢丝绳磨损、断丝、变形、锈蚀达到报废标准，扣10分 钢丝绳规格不符合起重机产品说明书要求，扣10分 吊钩、卷筒、滑轮磨损达到报废标准扣10分 吊钩、卷筒、滑轮未安装钢丝绳防脱装置，扣5～10分 起重拔杆的缆风绳、地锚设置不符合设计要求，扣8分	10		
4		索具	索具采用编结连接时，编结部分的长度不符合规范要求，扣10分 索具采用绳夹连接时，绳夹的规格、数量及绳夹间距不符合规范要求，扣5～10分 索具安全系数不符合规范要求，扣10分 吊索规格不匹配或机械性能不符合设计要求，扣5～10分	10		

序号	检查项目		扣 分 标 准	应得分数	扣减分数	实得分数
5	保证项目	作业环境	起重机行走作业处地面承载能力不符合产品说明书要求或未采用有效加固措施，扣10分 起重机与架空线路安全距离不符合规范要求，扣10分	10		
6		作业人员	起重机司机无证操作或操作证与操作机型不符，扣5～10分 未设置专职信号指挥和司索人员，扣10分 作业前未按规定进行安全技术交底或交底未形成文字记录，扣5～10分	10		
		小 计		60		
7	一般项目	起重吊装	多台起重机同时起吊一个构件时，单台起重机所承受的荷载不符合专项施工方案要求，扣10分 吊索系挂点不符合专项施工方案要求，扣5分 起重机作业时起重臂下有人停留或吊运重物从人的正上方通过，扣10分 起重机吊具载运人员，扣10分 吊运易散落物件不使用吊笼，扣6分	10		
8		高处作业	未按规定设置高处作业平台，扣10分 高处作业平台设置不符合规范要求，扣5～10分 未按规定设置爬梯或爬梯的强度、构造不符合规范要求，扣5～8分 未按规定设置安全带悬挂点，扣8分	10		
9		构件码放	构件码放荷载超过作业面承载能力，扣10分 构件码放高度超过规定要求，扣4分 大型构件码放无稳定措施，扣8分	10		
10		警戒监护	未按规定设置作业警戒区，扣10分 警戒区未设专人监护，扣5分	10		
		小 计		40		
检查项目合计				100		

18.1 施 工 方 案

18.1.1 标准原文

1. 起重吊装作业应编制专项施工方案，并按规定进行审核、审批；

2. 超规模的起重吊装作业，应组织专家对专项施工方案进行论证。

18.1.2 条文释义

1. 起重吊装作业属危险性较大的分部分项工程，作业内容也相对比较复杂，包括选择起重机械、吊索和卡环等吊具索具，确定吊装方案等等，依照住房与城乡建设部《危险性较大的分部分项工程安全管理办法》，起重吊装作业应编制专项施工方案。

2. 对采用非常规起重设备、方法，且单体重量在100kN及以上的起重吊装工程，应组织专家对专项方案进行论证。

18.2 起 重 机 械

18.2.1 标准原文

1. 起重机械应按规定安装荷载限制器及行程限位装置；
2. 荷载限制器、行程限位装置应灵敏可靠；
3. 起重拔杆组装应符合设计要求；
4. 起重拔杆组装后应进行验收，并应由责任人签字确认。

18.2.2 条文释义

1. 荷载限制装置包括：起重量限制器和起重力矩限制器。行程限位装置包括：起升高度限位、起重大臂工作幅度限位、行走限位等。不同的起重机械，如塔式起重机、履带式起重机、轮胎式起重机等应按相应规定安装荷载限制器及行程限位装置，并应灵敏可靠。

2. 起重拔杆属非标准起重设备，设计和制作应符合现行国家标准《起重机械安全规程》GB 6067 的规定。起重拔杆应经技术鉴定合格后，方可投入使用。

3. 需在施工现场安装或组装的起重机械，安装或组装后，应按设计要求及规定验收。验收应有文字记录，并有责任人签字确认。

移动式起重机械进场作业前应按规定自检，并出具自检报告，确认无误方可作业。

18.3 钢丝绳与地锚

18.3.1 标准原文

1. 钢丝绳磨损、断丝、变形、锈蚀应在规范允许范围内；
2. 钢丝绳规格应符合起重机产品说明书要求；
3. 吊钩、卷筒、滑轮磨损应在规范允许范围内；
4. 吊钩、卷筒、滑轮应安装钢丝绳防脱装置；
5. 起重拔杆的缆风绳、地锚设置应符合设计要求。

18.3.2 条文释义

1. 钢丝绳的使用、保养、检验及报废应符合现行国家标准《起重机钢丝绳保养、维修、安装、检验和报废》GB/T 5972 的规定。

2. 吊钩、卷筒及滑轮应安装钢丝绳防脱装置，防止起重机作业时钢丝绳意外脱出发生事故。该装置应符合现行国家标准《起重机械安全规程》GB 6067 的规定。吊钩、卷筒及滑轮的磨损及变形应在规范允许范围内。

3. 缆风绳、地锚是保证起重拔杆正常作业的重要设施，缆风绳直径、地锚的设置方式应符合设计和规范要求。

18.4 索 具

18.4.1 标准原文

1. 当采用编结连接时，编结长度不应小于 15 倍的绳径，且不应小于 300mm；

2. 当采用绳夹连接时，绳夹规格应与钢丝绳相匹配，绳夹数量、间距应符合规范要求；

3. 索具安全系数应符合规范要求；

4. 吊索规格应互相匹配，机械性能应符合设计要求。

18.4.2 条文释义

1. 钢丝绳端部的固定和连接应符合现行国家标准《起重机械安全规程》GB 6067 的规定。用绳夹连接时，绳夹规格应与钢丝绳匹配，数量不应小于 3 个。绳夹夹座应安放在长绳一侧。连接强度不应小于钢丝绳破断拉力的 85%。

用编结连接时，编结长度不应小于钢丝绳直径的 15 倍，并且不小于 300mm。连接强度不应小于钢丝绳破断拉力的 75%。

用锥形套浇铸连接时，连接强度不应小于钢丝绳的破断拉力。

2. 索具的直径、强度应符合设计要求，安全系数应符合现行国家标准《起重机械安全规程》GB 6067 的规定，但一般不应小于 6。

18.5 作 业 环 境

18.5.1 标准原文

1. 起重机行走作业处地面承载能力应符合产品说明书要求；

2. 起重机与架空线路安全距离应符合规范要求。

18.5.2 条文释义

1. 起重机作业现场地面承载能力应符合起重机说明书规定，当现场地面承载能力不满足规定时，必须采用铺设路基箱等方式提高承载力。

2. 起重机工作时，臂架、吊具、钢丝绳、缆风绳及被吊物与输电线的最小距离应符合下表的规定。

起重机与输电线的最小距离

输电线路电压 （kV）	<1	1～20	35～110	220	330	500
最小距离 （m）	1.5	2	4	6	7	8.5

18.6 作 业 人 员

18.6.1 标准原文

1. 起重机司机应持证上岗，操作证应与操作机型相符；

2. 起重机作业应设专职信号指挥和司索人员，一人不得同时兼顾信号指挥和司索作业；

3. 作业前应按规定进行安全技术交底，并应有交底记录。

18.6.2 条文释义

1. 起重司机、信号指挥及司索人员属特种作业人员，必须经专门的安全技术培训，能够熟悉起重吊装作业知识和操作技术，并经考试合格持作业证上岗。操作证应与操作机型相符。

2. 起重吊装作业前，施工负责人应对所有作业人员进行安全技术交底，包括起重机基本性能、吊装工艺过程、安全技术措施、作业过程的安全风险和作业人员的责任和分工等，且必须有文字记录。

18.7 起重吊装

18.7.1 标准原文

1. 当多台起重机同时起吊一个构件时，单台起重机所承受的荷载应符合专项施工方案要求；

2. 吊索系挂点应符合专项施工方案要求；

3. 起重机作业时，任何人不应停留在起重臂下方，被吊物不应从人的正上方通过；

4. 起重机不应采用吊具载运人员；

5. 当吊运易散落物件时，应使用专用吊笼。

18.7.2 条文释义

1. 当被吊构件的长度、质量或翻转位移由单台起重机械无法操作时，可选择采用多台起重机械共同作业，采用多台起重机械共同作业时，宜选用性能相近的起重机械，并应按专项施工方案要求，合理分配荷载，同步控制起升、回转等运行速度。必须时，控制单机荷载不宜超过额定起重量的75%。

2. 当采用多个系挂点时，各系挂点的合力宜通过被吊荷载的质心，以确保荷载起升时的平稳。每根吊索的直径、长度及系挂点必须经设计计算确定，并应符合专项施工方案的规定。

18.8 高处作业

18.8.1 标准原文

1. 应按规定设置高处作业平台；

2. 平台强度、护栏高度应符合规范要求；

3. 爬梯的强度、构造应符合规范要求；

4. 应设置可靠的安全带悬挂点，并应高挂低用。

18.8.2 条文释义

1. 为保证作业人员生命安全，高处作业应按现行行业标准《高处作业安全技术规范》JGJ 80 的规定，在作业处设置作业平台，作业平台防护栏杆不应少于 2 道，上杆高度为 $1.0\sim1.2m$，下杆高度为 $0.3\sim0.6m$。其强度应能承受 1kN 的集中荷载。

作业人员攀登作业，必须设置专用爬梯，其构造及强度应经设计计算，并应符合专项施工方案的规定。

2. 高处作业人员应按要求佩戴安全带，安全带的挂置点应符合专项施工方案的要求，且应悬挂在牢固的结构或专用固定构件上，安全带的挂置也应遵循高挂低用的原则。

18.9 构 件 码 放

18.9.1 标准原文

1. 构件码放荷载应在作业面承载能力允许范围内；

2. 构件码放高度应在规定允许范围内；

3. 大型构件码放应有保证稳定的措施。

18.9.2 条文释义

1. 码放构件的场地应与基坑、沟、槽边沿保持安全距离。场地应平整无积水。码放大型构件时，场地的承载力应满足规定要求。

2. 构件码放高度必须严格控制，不得超过专项方案或规范允许高度。必须时应有保证构件稳定的措施。

18.10 警戒监护

18.10.1 标准原文

1. 应按规定设置作业警戒区；
2. 警戒区应设专人监护。

18.10.2 条文释义

1. 起重吊装作业前，应根据专项施工方案要求划定危险作业区域，设置醒目的警戒标志，防止无关人员进入。

2. 根据现场作业环境，作业时应设专职监护人员，对作业过程进行监护。

第19章 施 工 机 具

施工机具检查评分表

序号	检查项目	扣 分 标 准	应得分数	扣减分数	实得分数
1	平刨	平刨安装后未履行验收程序，扣5分 未设置护手安全装置，扣5分 传动部位未设置防护罩，扣5分 未做保护接零或未设置漏电保护器，扣10分 未设置安全作业棚，扣6分 使用多功能木工机具，扣10分	10		
2	圆盘锯	圆盘锯安装后未履行验收程序，扣5分 未设置锯盘护罩、分料器、防护挡板安全装置和传动部位未设置防护罩，每处扣3分 未做保护接零或未设置漏电保护器，扣10分 未设置安全作业棚，扣6分 使用多功能木工机具，扣10分	10		
3	手持电动工具	Ⅰ类手持电动工具未采取保护接零或未设置漏电保护器，扣8分 使用Ⅰ类手持电动工具不按规定穿戴绝缘用品，扣6分 手持电动工具随意接长电源线，扣4分	8		
4	钢筋机械	机械安装后未履行验收程序，扣5分 未做保护接零或未设置漏电保护器，扣10分 钢筋加工区未设置作业棚、钢筋对焊作业区未采取防止火花飞溅措施或冷拉作业区未设置防护栏板，每处扣5分 传动部位未设置防护罩，扣5分	10		

203

序号	检查项目	扣 分 标 准	应得分数	扣减分数	实得分数
5	电焊机	电焊机安装后未履行验收程序,扣5分 未做保护接零或未设置漏电保护器,扣10分 未设置二次空载降压保护器,扣10分 一次线长度超过规定或未进行穿管保护,扣3分 二次线未采用防水橡皮护套铜芯软电缆,扣10分 二次线长度超过规定或绝缘层老化,扣3分 电焊机未设置防雨罩或接线柱未设置防护罩,扣5分	10		
6	搅拌机	搅拌机安装后未履行验收程序,扣5分 未做保护接零或未设置漏电保护器,扣10分 离合器、制动器、钢丝绳达不到规定要求,每项扣5分 上料斗未设置安全挂钩或止挡装置,扣5分 传动部位未设置防护罩,扣4分 未设置安全作业棚,扣6分	10		
7	气瓶	气瓶未安装减压器,扣8分 乙炔瓶未安装回火防止器,扣8分 气瓶间距小于5m或与明火距离小于10m未采取隔离措施,扣8分 气瓶未设置防震圈和防护帽,扣2分 气瓶存放不符合要求,扣4分	8		
8	翻斗车	翻斗车制动、转向装置不灵敏,扣5分 驾驶员无证操作,扣8分 行车载人或违章行车,扣8分	8		
9	潜水泵	未做保护接零或未设置漏电保护器,扣6分 负荷线未使用专用防水橡皮电缆,扣6分 负荷线有接头,扣3分	6		
10	振捣器	未做保护接零或未设置漏电保护器,扣8分 未使用移动式配电箱,扣4分 电缆线长度超过30m,扣4分 操作人员未穿戴绝缘防护用品,扣8分	8		

序号	检查项目	扣 分 标 准	应得分数	扣减分数	实得分数
11	桩工机械	机械安装后未履行验收程序，扣 10 分 作业前未编制专项施工方案或未按规定进行安全技术交底，扣 10 分 安全装置不齐全或不灵敏，扣 10 分 机械作业区域地面承载力不符合规定要求或未采取有效硬化措施，扣 12 分 机械与输电线路安全距离不符合规范要求，扣 12 分	12		
检查项目合计			100		

19.1 平　刨

19.1.1 标准原文

1. 平刨安装完毕应按规定履行验收程序，并应经责任人签字确认；

2. 平刨应设置护手及防护罩等安全装置；

3. 保护零线应单独设置，并应安装漏电保护装置；

4. 平刨应按规定设置作业棚，并应具有防雨、防晒等功能；

5. 不得使用同台电机驱动多种刀具、钻具的多功能木工机具。

19.1.2 条文释义

1. 平刨安装完毕应按规定验收，内容主要应包括：平刨安装牢固稳定，金属构架无开焊、裂纹，安全装置齐全完好，电动机绝缘电阻符合要求，漏电保护器符合要求，验收表应经责任人签字确认。

2. 护手装置功能应完好，明露的传动部位应安装牢靠有效的防护罩，保障作业人员的安全，不得使用同台电动机驱动多种刀具、钻具的多功能木工机具。

3. 平刨应采用接零保护，保护零线应单独设置，开关箱的漏电保护器应符合现行行业标准《施工现场临时用电安全技术规范》JGJ46 的规定。

4. 平刨作业场地应设置作业棚，并应具有防雨、防晒等功能，并应达到标准化。

19.2　圆　盘　锯

19.2.1　标准原文

1. 圆盘锯安装完毕应按规定履行验收程序，并应经责任人签字确认；

2. 圆盘锯应设置防护罩、分料器、防护挡板等安全装置；

3. 保护零线应单独设置，并应安装漏电保护装置；

4. 圆盘锯应按规定设置作业棚，并应具有防雨、防晒等功能；

5. 不得使用同台电机驱动多种刀具、钻具的多功能木工机具。

19.2.2　条文释义

1. 圆盘锯安装完毕应按规定验收，内容主要应包括：圆盘锯安装牢固稳定，金属构架无开焊、裂纹，安全装置齐全完好，电动机绝缘电阻符合要求，漏电保护器符合要求，验收表应经责任人签字确认。

2. 防护罩、分料器及防护挡板等安全装置应齐全完好，防护功能应完好。

3. 圆盘锯应采用接零保护，保护零线应单独设置，开关箱的漏电保护器应符合现行行业标准《施工现场临时用电安全技术规范》JGJ46 的规定。

4. 圆盘锯作业场地，应设置作业棚，并应具有防雨、防晒等功能，并应达到标准化。

19.3　手持电动工具

19.3.1　标准原文

1. Ⅰ类手持电动工具应单独设置保护零线，并应安装漏电保护装置；

2. 使用Ⅰ类手持电动工具应按规定穿戴绝缘手套、绝缘鞋；

3. 手持电动工具的电源线应保持出厂时的状态，不得接长使用。

19.3.2　条文释义

1. 使用Ⅰ类手持电动工具（金属外壳），应作接零保护，保护零线应单独设置，并应按现行行业标准《施工现场临时用电安全技术规范》JGJ 46 的规定安装漏电保护器。作业人员应穿戴绝缘手套和绝缘鞋。在潮湿场所或金属构架上作业，不得使用Ⅰ类手持电动工具，使用Ⅱ类手持电动工具时，漏电保护器的参数为：额定动作电流不应大于 15mA；额定动作时间不应大于 0.1s。

2. 手持电动工具发放使用前，应检测手持电动工具的绝缘电阻，Ⅰ类工具不应小于 2MΩ；Ⅱ类工具不应小于 7 MΩ。

3. 手持电动工具的电源电线应保持出厂状态，不得接长，插头应保持完好状态。当不能满足作业距离时，应使用移动电闸箱。

19.4 钢筋机械

19.4.1 标准原文

1. 钢筋机械安装完毕应按规定履行验收程序，并应经责任人签字确认；

2. 保护零线应单独设置，并应安装漏电保护装置；

3. 钢筋加工区应搭设作业棚，并应具有防雨、防晒等功能；

4. 对焊机作业应设置防火花飞溅的隔离设施；

5. 钢筋冷拉作业应按规定设置防护栏；

6. 机械传动部位应设置防护罩。

19.4.2 条文释义

1. 钢筋机械安装完毕应按规定验收，内容主要应包括：钢筋机械安装牢固稳定，金属构架无开焊、裂纹，安全装置齐全完好，电动机绝缘电阻符合要求，漏电保护器符合要求，验收表应经责任人签字确认。

2. 钢筋机械应采用接零保护，保护零线应单独设置，开关箱的漏电保护器应符合现行行业标准《施工现场临时用电安全技术规范》JGJ 46 的规定。

3. 钢筋加工区应搭设作业棚，作业棚应具有防雨、防晒功能，并应达到标准化。钢筋冷拉作业应按规定设置防护围栏，将冷拉加工区隔离。对焊机作业区应设置防止火花飞溅的挡板等隔离设施，挡板等隔离设施必须用非易燃材料制作。

19.5 电 焊 机

19.5.1 标准原文

1. 电焊机安装完毕应按规定履行验收程序，并应经责任人签字确认；

2. 保护零线应单独设置，并应安装漏电保护装置；

3. 电焊机应设置二次空载降压保护装置；

4. 电焊机一次线长度不得超过 5m，并应穿管保护；

5. 二次线应采用防水橡皮护套铜芯软电缆；

6. 电焊机应设置防雨罩，接线柱应设置防护罩。

19.5.2 条文释义

1. 电焊机安装完毕应按规定进行验收，内容主要应包括：电焊机安装牢固稳定，金属构架无开焊、裂纹，安全装置齐全完好，电焊机绝缘电阻符合要求，漏电保护器符合要求，验收表应经责任人签字确认。

2. 电焊机应采用接零保护，保护零线应单独设置，开关箱的漏电保护器应符合现行行业标准《施工现场临时用电安全技术规范》JGJ 46 的规定。电焊机应安装二次空载降压保护装置，以降低二次空载电压，防止触电事故发生。

3. 电焊机一次侧电源线长度不应超过 5m，且应穿管保护，电源线与电焊机连接处应设置防护罩。二次线必须使用防水橡胶护套铜芯电缆，严禁使用金属结构或其他导线代替。使用电焊机时，操作人员应穿戴防护用品。

19.6 搅 拌 机

19.6.1 标准原文

1. 搅拌机安装完毕应按规定履行验收程序，并应经责任人签字确认；

2. 保护零线应单独设置，并应安装漏电保护装置；

3. 离合器、制动器应灵敏有效，料斗钢丝绳的磨损、锈蚀、变形量应在规定允许范围内；

4. 料斗应设置安全挂钩或止挡装置，传动部位应设置防护罩；

5. 搅拌机应按规定设置作业棚，并应具有防雨、防晒等功能。

19.6.2 条文释义

1. 搅拌机安装完毕应按规定验收，内容主要应包括：搅拌机安装牢固稳定，金属构架无开焊、裂纹，安全装置齐全完好，电动机绝缘电阻符合要求，漏电保护器符合要求，验收表应经责任人签字确认。离合器、制动器灵敏可靠，料斗钢丝绳磨损、锈蚀未超过标准要求。

2. 搅拌机应采用接零保护，保护零线应单独设置，开关箱的漏电保护器应符合现行行业标准《施工现场临时用电安全技术规范》JGJ46 的规定。

3. 搅拌机运转应平稳，无异响，离合、制动灵活可靠，料斗钢丝绳的磨损锈蚀及变形量应在规定范围内。

料斗安全挂钩、止挡及限位装置应齐全完好，在维修或运输过程中必须使用安全挂钩或止挡将料斗固定牢固。

4. 搅拌机区域应搭设作业棚，作业棚应具有防雨、防晒功能，并应达到标准化。

19.7　气　　瓶

19.7.1　标准原文

1. 气瓶使用时必须安装减压器，乙炔瓶应安装回火防止器，并应灵敏可靠；

2. 气瓶间安全距离不应小于 5m，与明火安全距离不应小于 10m；

3. 气瓶应设置防震圈、防护帽，并应按规定存放。

19.7.2 条文释义

1. 由于气瓶内气体压力很高，使用时必须经减压器减压才能保证安全作业，为防止操作不当易发生乙炔气体逆向流入乙炔瓶放生事故，乙炔瓶应安装回火防止器。减压器、回火防止器应灵敏可靠。

2. 作业时，气瓶间的安全距离不应小于5m；与明火的安全距离不应小于10m，当不能满足安全距离时，应采取可靠的隔离防护措施。

3. 气瓶应按规定分别存放在易燃品库房内，库房应防雨、防晒，通风良好。库房应使用防爆照明灯具。

19.8 翻 斗 车

19.8.1 标准原文

1. 翻斗车制动、转向装置应灵敏可靠；
2. 司机应经专门培训，持证上岗，行车时车斗内不得载人。

19.8.2 条文释义

1. 翻斗车行驶前应对制动器、转向装置、传动装置及轮胎等进行检查，确保灵敏可靠。

2. 驾驶人员应经专门培训。取得厂内机动车行驶证方能上岗。不得超载、超重行车，车斗内严禁载人。

19.9 潜 水 泵

19.9.1 标准原文

1. 保护零线应单独设置，并应安装漏电保护装置；

2. 负荷线应采用专用防水橡皮电缆，不得有接头。

19.9.2 条文释义

1. 水泵的外壳必须做保护接零，开关箱内应安装动作电流不大于 15mA、动作时间不大于 0.1s 的漏电保护器。

2. 负荷线应采用防水橡皮护套铜芯软电缆，不得有破损和接头，并不得承受任何外力。

19.10 振 捣 器

19.10.1 标准原文

1. 振捣器作业时应使用移动配电箱、电缆线长度不应超过 30m；

2. 保护零线应单独设置，并应安装漏电保护装置；

3. 操作人员应按规定戴绝缘手套、穿绝缘鞋。

19.10.2 条文释义

1. 振捣器作业时应使用移动式配电箱，负荷线必须采用耐气候型橡皮护套铜芯软电缆，长度不应超过 30m，并不得有任何破损和接头。

2. 振捣器一般为I类电动工具，外壳应作保护接零，移动式配电箱内应安装动作电流不应大于 15mA，动作时间不应大于 0.1s 的漏电保护器。作业时，操作人员必须戴绝缘手套，穿绝缘鞋。

19.11 桩 工 机 械

19.11.1 标准原文

1. 桩工机械安装完毕应按规定履行验收程序，并应经责任人签字确认；

2. 作业前应编制专项方案，并应对作业人员进行安全技术交底；

3. 桩工机械应按规定安装安全装置，并应灵敏可靠；

4. 机械作业区域地面承载力应符合机械说明书要求；

5. 机械与输电线路安全距离应符合现行行业标准《施工现场临时用电安全技术规范》JGJ46 的规定。

19.11.2 条文释义

1. 桩工机械安装完毕应按规定进行验收，内容主要应包括：金属结构无开焊、裂纹，机构运行平稳，钢丝绳断丝、磨损、变形和锈蚀应在规定允许内，电动机绝缘电阻、漏电保护器应符合要求，安全装置齐全完好。验收表应经责任人签字确认。

2. 桩工机械安装、作业前应编制专项施工方案，应明确桩机安装程序，安全装置调试方法、安全操作要求和应急处置预案等，并对作业人员进行安全技术交底。

3. 桩工机械应按规定安装安全装置，确保齐全有效，作业区地面承载力应很符合机械说明书要求，必要时应采取措施提高地面承重力。桩工机械与输电线路的安全距离必须符合现行行业标准《施工现场临时用电安全技术规范》JGJ 46 的规定。